Kurt Graeser

Die Vorstellungen der Tiere.

Die
Vorstellungen der Tiere
Philosophie und Entwicklungsgeschichte

von

Kurt Graeser

Leben heißt Vorstellen.

Berlin
Druck und Verlag von Georg Reimer
1906.

Herrn Dr. W. Wurm

in Bad Teinach

gewidmet.

Inhalt.

A. Die Philosophie der tierischen Vorstellungen.

B. Die tierischen Vorstellungen in ihrer Erscheinung.

A.

Die Philosophie der tierischen Vorstellungen.

Qui bene distinguit bene judicat.

I.

Lebloser Stoff und Vorstellen.

Das fließende Wasser sucht mit zähester Beharrlichkeit den Weg, welchen seine Schwere ihm vorschreibt; es drängt durch dichtes Erdreich und beseitigt kraftvoll jedes Hindernis, welchem sein Strom nicht ausweichen kann, indem es ein solches bald mit sich fortreißt, bald beiseite wirft, bald nagend zerstört. Der Kristall wächst in symmetrischen Formen, ehe er zu ewig gleicher Ruhe erstarrt. Die zahllosen Himmelskörper bewegen sich so sicher durch den unendlichen Raum, daß der berühmte Astronom Herschel ihnen sogar Willen und Bewußtsein zuschrieb. Endlich suchen und fliehen sich Teile des leblosen Stoffes, indem sie bald nach Vereinigung, bald nach Trennung streben. So hat also auch der leblose Stoff unsichtbare Eigenschaften, welche auf unsichtbare Weise sichtbare Wirkungen erzeugen: Schwere, Starrheit, Flüssigkeit, Zusammenhang und Kohäsion, sowie die chemischen Kräfte der Anziehung und Abstoßung. Wir wissen ferner, daß das Leben nur im leblosen Stoffe entstanden sein kann, und daß es ewig untrennbar an den Stoff gebunden ist. Worin besteht nun das Wesentliche, wodurch sich das Leben von den Bewegungen des leblosen Stoffes unterscheidet?

Man hat mancherlei hierfür angeführt, z. B., daß beim lebenden Stoffe die Form, beim leblosen die Masse das

Wesentliche sei;[1]) oder daß dieser von außen, jener von innen bewegt werde; endlich, daß alle lebenden Wesen Empfindungen hätten, während der leblose Stoff empfindungslos wäre. Aber es ist klar, daß alle diese Unterscheidungen nicht erschöpfend sind. Denn auch lebende Wesen verändern ihre Gestalt, z. B. einzellige Urtiere durch ihre Teilung zur Fortpflanzung; die mechanischen und chemischen Wirkungen beim leblosen Stoffe sind in demselben Maße „innere" Ursachen, wie die Beweggründe der Tiere; die Empfindungen endlich setzen, wie wir sehen werden, die Tatsache des Bewußtseins voraus, welche keineswegs bei allen Lebewesen, sondern nur bei den mit einem Gehirn begabten Tieren, eintritt. Aber es gibt eine andere Tatsache, welche vom Leben untrennbar ist, ohne daß wir sie dem leblosen Stoffe zuschreiben können, oder wenigstens zuschreiben müssen: das Vorstellen. Es mag dahingestellt bleiben, ob nicht dic logische Folgerichtigkeit dazu reizt, ein solches auch den Bewegungen des leblosen Stoffes zu unterstellen; unbedingt notwendig ist diese Annahme jedenfalls nicht, während das Leben hiervon untrennbar ist, ja allein hierdurch besteht, damit beginnt und endet.

Während nämlich die Bewegungen des leblosen Stoffes durch mechanische und chemische Ursachen bewirkt werden, deren Gesetze uns genau bekannt sind, wenn wir auch nicht ihre Entstehung kennen, gibt es bei den Bewegungen der Tiere (und Pflanzen) keinen unmittelbaren Zusammenhang zwischen Ursache und Wirkung, ja es herrscht zwischen beiden scheinbar gar keine Beziehung. Da aber auch bei den Handlungen der Tiere bestimmte äußere Reize bestimmte Bewegungen hervorrufen, so ist es zweifellos, daß

[1]) So Schopenhauer, „Welt", Bd. II S. 335.

in der Tat eine Verbindung zwischen beiden vorhanden sein muß, durch welche diese mit einander vermittelt werden; und, da diese Vermittlung weder räumlich noch sichtbar[1]) ist, so kann sie nur in einem unsichtbaren Vorgange bestehen, welcher zu dem äußeren Reiz und der Handlung des Tieres als eine dritte Tatsache hinzutritt. Dieser Vorgang ist das Vorstellen des Reizes und der darauf folgenden Handlung, welcher daher diese beiden an sich völlig von einander getrennten Erscheinungen umfaßt und so innig miteinander verbindet, daß sie äußerlich wie Ursache und Wirkung erscheinen.[2]) Eine Willensäußerung gleicht daher einer Brücke, welche mit ihrem einen Ende in dem bestimmten Reize (Beweggrunde), mit dem anderen in der diesem entsprechenden Bewegung oder Handlung liegen würde, und ohne welche diese beiden Gebiete ewig unnahbar getrennt bleiben würden, weil ihnen der unmittelbare Zusammenhang, welcher beim leblosen Stoffe zwischen Ursache und Wirkung besteht, gänzlich fehlt. Wenn man beispielsweise mit der Fingerspitze auf irgend eine weiche und zugleich elastische Masse drückt, so bewegen sich die Stoffteile an der getroffenen Stelle unmittelbar nach bekannten mechanischen Gesetzen; wenn man dagegen in ähnlicher Weise ein lebendes Tier berührt, so wird dieses gewisse Bewegungen machen, welche mit der Berührung in keinem unmittelbaren Zusammenhange

[1]) „Sichtbar" nenne ich in diesem Zusammenhange hier überall diejenigen Vorgänge, welche theoretisch sichtbar, wenn auch tatsächlich unsichtbar sind, z. B. weil sie in dem Körper eines lebenden Tieres stattfinden.

[2]) Der Einfachheit halber spreche ich hier einstweilen nur von Reizhandlungen, weil der Vorgang hier am deutlichsten sichtbar, und dessen Wesen, wie wir sehen werden, bei jeder Art von Vorstellungen dasselbe ist.

stehen, aber dieser trotzdem in ganz bestimmter Weise entsprechen. Beide Vorgänge müssen daher in einem unsichtbaren Zusammenhange stehen, und für diesen gibt es kein anderes Daseinsgebiet, als die Vorstellung, welche das Tier von beiden gehabt haben muß, ehe es in der Lage sein konnte, den äußeren Reiz in das Wollen eines ganz neuen Vorganges umzusetzen, und diesen selbst in einer sichtbaren, räumlichen Bewegung zur Erscheinung zu bringen.

Vorstellungen müssen daher auch das Leben der Pflanzen beherrschen. Denn auch ihre Handlungen kommen nicht als unmittelbare, mechanische oder chemische Wirkungen feststehender Ursachen, sondern erst durch die, soeben beschriebene, Vermittlung von Reiz und Handlung zustande. Während beispielsweise die Sonne den leblosen Stoff lediglich erhitzt, chemisch verändert und unter Umständen vernichtet, ist ihr Licht für die Pflanzen „die Quelle alles Lebens". Um zu ihm zu gelangen, vollführen sie daher mit staunenswerter Beharrlichkeit Drehungen und Krümmungen in ihren Stengeln und Blättern, bis sie die ihnen günstigste Stellung erreichen. Da aber diese Wachstumsbewegungen nicht gerade von denjenigen Stellen des Pflanzenkörpers ausgehen, welche den sie verursachenden Lichtreiz empfangen, so kann dieser Erfolg nicht auf unmittelbarer, etwa chemisch erklärbarer, Wirkung, sondern nur auf dem, beide Vorgänge vermittelnden, neuen Vorgange des Vorstellens beruhen. Dieses muß sogar ein sehr bestimmtes sein, da die betreffenden Bewegungen der Pflanzen sich nicht nur allgemein dem Lichte zuwenden, sondern den senkrechten Empfang der Lichtstrahlen erstreben, wodurch die Lebensvorgänge in den Blättern besonders begünstigt werden.[1] Bekannt sind ferner die Fühlhaare

[1]) Näheres hierüber enthält ein interessanter Aufsatz des Herrn

und Fühlborsten vieler Pflanzen, z. B. der fleischverzehrenden, welche hiermit ihre Beutetierchen erkennen und durch Umklammerung festhalten, um diese sodann in sich aufzunehmen und zu verdauen. Viele Schlingpflanzen ranken sich nicht um tote Stöcke, welche ihnen etwa zur Verfügung stehen, sondern nur um lebende Stützen, nach welchen sie, unter Umgehung jener, aus weiter Entfernung hinstreben. Sehr verwickelt sind auch die Bewegungen der Pflanzen zur Begattung und Fortpflanzung, sowie zum Schutze vor nächtlicher Kälte. Ihre Wurzel endlich, deren Spitze Darwin mit dem Gehirn der Tiere verglichen hat, sucht mit zäher Ausdauer nach Nahrung und Feuchtigkeit, wobei oft starke Hindernisse umgangen werden, wenn die Wurzelfasern sie nicht durchdringen können. Alle diese und zahllose andere Handlungen der Pflanzen sind so verwickelt, daß man sie sogar nicht als bloße Reizhandlungen, sondern als Instinkthandlungen bezeichnen müßte, wenn ihnen nicht das bei diesen mitwirkende bewußte Vorstellen fehlte; denn zu diesem sind die Pflanzen allerdings nicht fähig, weil sie kein Gehirn besitzen. Dagegen würden sie alle ihre nützlichen Handlungen nicht vollbringen können, wenn ihnen nicht die Außenwelt durch Sinneswahrnehmungen, also durch Vorstellungen, vermittelt würde. Mindestens die Wahrnehmungen des Lichtes, körperlicher Berührung, der Erschütterung, der Wärme und des Raumes sind hierbei überall nachweisbar, und die Bewegungen der fleischverzehrenden Pflanzen bei der Erbeutung von Insekten sind kaum anders als durch einen Geruchssinn zu erklären. Daß man bei den Pflanzen besondere Sinneswerkzeuge sowie Nerven nicht

---

S. Schwenderer in der „Naturwissenschaftlichen Wochenschrift" 1906, Nr. 1.

feststellen kann, ist hierbei offenbar ohne Bedeutung, da solche bekanntlich auch den niedersten Tieren gänzlich fehlen, und selbst bei den höchsten Tieren (und beim Menschen) viele Eindrücke der Außenwelt ohne besondere Sinneswerkzeuge vermittelt werden, z. B. diejenigen der Wärme, des Druckes und des Raumes. Nach alledem würde es eine verlockende Aufgabe sein, auch die Vorstellungen der Pflanzen in ähnlicher Weise zu beschreiben, wie ich dies hier bei den tierischen versuchen werde, wobei die ausgezeichneten Werke von G. Haberlandt, G. Th. Fechner und R. H. Francé fruchtbare Anregungen liefern würden; auch Schopenhauer teilt in seiner „Pflanzenphysiologie" viele hierher gehörige Tatsachen mit. Ich beschränke mich hier auf das Seelenleben der Tiere und habe diese kurzen Andeutungen über das Pflanzenleben nur eingeschaltet, weil auch dieses dazu beiträgt, das Wesen des Vorstellens zu veranschaulichen.

Wenn nun die ursprünglichste und einfachste Vorstellung eines Tieres darin besteht, daß irgend ein Reiz, welcher dessen Körper von außen trifft, z. B. Licht oder eine Berührung, auf eine unsichtbare und uns überhaupt nicht bekannte, Weise in diesen aufgenommen und hier körperlich weiter verarbeitet, nämlich in Bewegung von Muskeln umgesetzt wird, so ist es offenbar durchaus verkehrt und willkürlich, diese Vorgänge anders, als rein körperlich aufzufassen; wissen wir doch, daß sie sich sogar in ganz bestimmten Teilen des Körpers, nämlich ursprünglich lediglich in dessen Außenseite, später in der Haut, endlich in Nerven und Gehirn, abspielen. Nur unterscheiden sich diese körperlichen Vorgänge von allen anderen dadurch, daß sie nicht sichtbar, nicht räumlich, nicht meßbar, und überhaupt nicht nach uns bekannten Gesetzen zu erklären sind. In Rücksicht auf diese ganz besonderen Eigenschaften ist es gewiß gerechtfertigt, diese Körpervorgänge auch durch eine besondere Bezeichnung von allen übrigen zu unterscheiden; man nennt sie daher „seelisch", und ihre Gesamtheit bei einem Tiere bildet dessen „Seele"; während man diejenigen von ihnen, aus welchen sich das bloße Denken zusammensetzt, als „geistige", und die Fähigkeit, sie hervorzubringen, als den „Geist" der Tiere bezeichnet. Wenn es daher in der Bibel heißt: „Der Geist ward Fleisch", so würde man richtiger umgekehrt sagen, „das Fleisch ward Geist", indem der leblose Stoff die Fähigkeit erlangte, innerhalb seiner sichtbaren und räumlichen Formen Vorgänge zu erzeugen, welche gänzlich unsichtbar und unräumlich sind, und den Körpern der Tiere trotzdem ebenso innig anhaften, wie ihr Atmen und Verdauen oder der Kreislauf ihres Blutes.

Wenn hiernach die Vorstellungen der Tiere nur besonders geartete Körpervorgänge sind, so müssen sie auch in jeder Hinsicht deren Schicksal teilen, also gemäß dem Entwicklungsgesetze durch Vererbung auf die Nachkommen übertragen, durch Auslese und Anpassung abgeändert und vervollkommnet werden, sowie der Erkrankung und dem Tode unterliegen. Die natürliche Entwicklung der Geistesfähigkeiten von den einfachen Vorstellungen niederster Urtiere bis zu der hohen Geisteskraft der höchsten Tiere werde ich später geschichtlich beschreiben. Daß das Seelenleben erkranken kann, wissen wir nicht nur vom Menschen, sondern auch von den Tieren; denn auch diese können an krankhaften Nervenerregungen, Epilepsie und Schwachsinn leiden, wofür unsere Haustiere, namentlich Stubenvögel, Pferde und Hunde, besonders empfänglich sind, weil durch die Vervollkommnung ihres Vorstellens auch die Reizbarkeit ihres Nervensystems sehr gesteigert worden ist. Daß endlich das Seelenleben der Tiere zugleich mit allen anderen

Körpervorgängen durch den Tod erlischt, beweist der Augenschein; die willkürliche Ausnahme, welche man zugunsten des Menschen von diesem Gesetze aufgestellt hat, wird durch die bloße Tatsache seiner tierischen Abstammung widerlegt, welche daher die Kirche, trotz aller unwiderleglichen Beweise, niemals anerkennen wird.

Freilich können wir die Entstehung von Körpervorgängen als Vorstellungen nicht erklären, ja nicht einmal begreifen, sondern nur beschreiben; aber ändert dieser Mangel, welcher doch nur unserer Erkenntniskraft anhaftet, etwas an ihrer Tatsächlichkeit? Auch die Gesetze der Schwere können wir nur an ihren Wirkungen, z. B. bei der Bewegung der Himmelskörper, beschreiben, ohne für ihren Grund und ihre Entstehung auch nur die entfernteste Erklärung liefern zu können; wird hierdurch die unfehlbare Wirksamkeit der Schwere in Frage gestellt? Der menschliche Anspruch, daß eine sicher beobachtete Tatsache durch die Unmöglichkeit, ihre Entstehung voll zu erklären, berührt werden könnte, ist daher nur ein Ausfluß des unermeßlichen Größenwahns, welcher den Menschen im Hinblick auf seine gesamte Umgebung in der Natur beherrscht. Auch die Tatsachen der Unendlichkeit und Ewigkeit der Welt vermögen wir nicht zu erklären, ja nicht einmal uns vorzustellen; und doch wissen wir, daß dies die wesentlichen Eigenschaften des Weltalls sind, weil ihre Gegensätze es nicht sein können. Aber ohne Zweifel sind wir berechtigt, aus einer Tatsache, welche durch den Augenschein oder durch Schlußfolgerungen feststeht, Schlüsse zu ziehen, auch wenn wir sie selbst nicht weiter erklären können, und eine solche Grundtatsache ist, gleich der Schwere des Stoffes, die Körperlichkeit der tierischen Vorstellungen. Die wichtigste Folgerung, welche wir aus dieser Grundtatsache ziehen dürfen, ist die entschiedene Ablehnung aller

Lehren, welche den Vorstellungen der Tiere ein Dasein neben deren Körper zuschreiben, und sie daher wesentlich von diesem loslösen. Von der theologischen Auffassung der Seele ist hier natürlich nicht die Rede; aber auch die Naturforscher, welche von „psychophysischen Wechselwirkungen" oder von einem „Parallelismus seelischer und leiblicher Vorgänge" sprechen, wie es der berühmte Wilhelm Wundt zuerst getan hat.[1]) verstoßen gegen jene Grundtatsache. Denn „Wechselwirkung" und „Parallelismus" schließen nur eine gewisse Abhängigkeit zweier Erscheinungen voneinander ein, während sie diese im übrigen selbständig bestehen lassen; aber die Vorstellungen eines Tieres sind nicht Erscheinungen neben seinem Körper, sondern solche dieses Körpers selbst. Dasselbe gilt von der besonderen „Lebenskraft", welche neuerdings wieder Anhänger gefunden hat.[2]) Wenn aber in dem soeben erschienenen Buche eines Arztes[3]) bemerkt wird:

> „Seelische und körperliche Vorgänge beeinflussen sich niemals einander gegenseitig und haben keine unmittelbaren Beziehungen zueinander; gemeinsam ist ihnen nur das Subjekt",

so bedeutet das einen offenbaren Rückfall in die theologische Auffassung von der „immateriellen Substanz" der Seele.

Es ist indessen hier nicht der Ort, über alle die tiefe Weisheit und auch viele Torheit, welche in den verschie-

---

[1]) „Vorlesungen über die Menschen- und Tierseele", 1906. S. 518ff.

[2]) Eine Zusammenstellung und Kritik der „vitalistischen" Lehren gibt Herr R. H. Francé in seinem Buche „Die Weiterentwicklung des Darwinismus". Odenkirchen 1904. S. 75ff. 122.

[3]) Dr. B. Kern „Das Wesen des menschlichen Seelen- und Geisteslebens" Berlin. 1905. S. 26.

denen Seelenlehren seit 2000 Jahren aufgeschichtet worden sind, auch nur andeutungsweise zu berichten; ich muß mich damit begnügen, es als eine Grundtatsache hinzustellen, daß alles tierische Vorstellen nicht nur an körperliche Vorgänge **gebunden** ist, sondern selbst in solchen **besteht**, so daß man es sogar unmittelbar als einen bestimmten Zustand des Zentralnervensystems bezeichnen darf.[1])

In ihrem allseitigen Zusammenwirken also bilden die Vorstellungen eines Tieres dessen „Seele", welche daher allgemein in dem Inbegriffe oder der Summe aller Vorstellungen eines Tieres besteht, wobei sich die Bestimmtheit und Beständigkeit des Charakters bei den einzelnen Arten und Individuen, inmitten des fortwährenden Wechsels ihrer tatsächlichen Vorstellungen, aus der Vererbung und Angewöhnung bestimmter Vorstellungskreise ergibt. Denn es gehört zu den angeborenen Eigenschaften der einzelnen Klassen, Arten und Individuen unter den Tieren, daß durch bestimmte äußere Umstände stets bestimmte Arten von Vorstellungen erzeugt werden; das überall feststehende Verhältnis dieser Vorstellungskreise zu den Reizen der Außenwelt nennt man den „Charakter", welcher daher bei allen Tieren, und auch beim Menschen, angeboren und im wesentlichen unabänderlich ist. Es ist jedoch klar, daß diese Zusammenfassung einzelner Vorstellungstatsachen zu bestimmten Charaktereigenschaften lediglich ein Werk des außenstehenden, menschlichen **Beobachters** ist, gleich der Vereinigung regelmäßig auftretender sichtbarer Körpermerkmale zur Umschreibung einzelner Klassen und Arten der Tierwelt. Wie daher ein Wald aus vielen einzelnen

---

[1]) Mit Herrn Dr. Wurm vgl. „Tier- und Menschenseele" Frankfurt a. M. 1896.

Pflanzen und Bäumen besteht, so setzt sich die Seele eines Tieres aus unendlich vielen einzelnen Vorstellungen zusammen, welche auf verschiedene Art entstehen, einen verschiedenen Inhalt haben und in verschiedener Weise auftreten können. Wie man aber zur gründlichen Untersuchung und Beschreibung eines Waldes gut tun wird, nicht von dessen Gesamterscheinung, sondern von den einzelnen Bäumen und Pflanzen auszugehen, aus welcher er sich zusammensetzt, so kann die Seele eines Tieres nur aus dem Wesen ihrer einfachsten und letzten Bestandteile wahrhaft erkannt werden, und dies sind seine Vorstellungen. Diese lernen wir einerseits aus seinen sichtbaren Handlungen kennen, weil ja alles Handeln nur in der räumlichen Verwirklichung von Vorstellungen besteht; andererseits gestattet die wesentliche Gleichartigkeit des tierischen und menschlichen Vorstellens, daß wir aus diesem, welches wir von uns selbst unmittelbar kennen, Schlüsse auf die Vorstellungen der Tiere ziehen. Denn, wie unendlich verschieden auch deren Vorstellungen, sowohl zwischen den einzelnen Klassen, Arten und Individuen, wie gegenüber dem menschlichen Vorstellen, sein mögen, so ist doch der Vorgang des Vorstellens, nach seinem Wesen, seinem Ursprunge und seiner verschiedenen Erscheinungsweise überall gleichartig, wenigstens bei höheren Tieren und dem Menschen.

Gemäß diesen beiden selbständigen Quellen für die Erkenntnis der Tierseele werde ich die Vorstellungen der Tiere zunächst in abstrakter oder rein logischer Erörterung nach ihrer Entstehung, ihrem Inhalte und der Bedeutung ihres Bewußtwerdens zu erklären versuchen, um alsdann ihre sichtbare Erscheinung in den Handlungen der Tiere nach der Reihenfolge ihrer allmählichen Vervollkommnung zu beschreiben. Alle diese Betrachtungen dürfen ein zweifaches Interesse beanspruchen: ein sachliches, insofern sie dazu beitragen werden, uns das Verständnis unserer lebenden Umgebung in der Natur zu lehren, und ein geschichtliches, indem sie die Vergangenheit der menschlichen Seelentätigkeit schildern, wodurch wiederum diese selbst mannigfach beleuchtet werden wird.

Übrigens finde ich, daß man bei diesen Untersuchungen auf die Worte „psychisch" und „psychologisch", sowie „physisch" und „physiologisch", ganz zu schweigen von dem entsetzlichen „psychophysisch", endlich ganz verzichten sollte, da ihr andauernder Gebrauch in einer längeren Erörterung für den Leser nicht nur verwirrend, sondern geradezu unerträglich ist. Man höre z. B.:

„Es bedarf der physikalischen Substitution, um sich selbst, einer psychologischen, um den Mitmenschen psychophysisch zu denken; aber niemals wird die Beobachtung eines Gehirnprozesses den zugeordneten psychischen konstruieren, geschweige denn irgend einen physiologischen Vorgang erklären können; sind doch selbst die Handlungen der Mitmenschen psychologisch mehrdeutig";

oder folgende Sätze:

„Ein vitaler Mechanismus, welcher die Zukunft bedenkt, kann nicht physikalisch, nicht kausal-physiologisch begriffen werden; da aber für die Deckung von teleologischen Ereignissen nur die Psychologie in Betracht kommt, so können sie nur nach Analogie psychischen Geschehens aufgefaßt werden. Wie daraus das falsche Postulat der psychophysischen Wechselwirkung entspringt und diese Substitution usw."[1])

---

[1]) Aus dem, im übrigen ausgezeichneten, Buche des Herrn Dr. Detto „Die Theorie der direkten Anpassung", Jena 1904. S. 72, 189.

Wenn man diesem ununterbrochenen Wechsel von „psychisch“ und „physisch“ auf 200 Seiten folgt, so ist dies nicht nur für das Auge, sondern auch für die Auffassung in hohem Grade peinlich, während die Worte „seelisch“ und „körperlich“ hierfür nicht nur gleichwertig, sondern sogar zutreffender sind. Denn, da doch „physisch“ natürlich bedeutet, so ist sein Gegensatz nicht „psychisch“ oder seelisch, sondern entweder unnatürlich oder übernatürlich („metaphysisch“). Ebenso ist umgekehrt der Gegensatz des „Psychischen“ in diesem Zusammenhange nicht das „Physische“ oder Natürliche, sondern der viel engere Begriff des Körperlichen. Aber man sollte doch nicht einen allgemeineren Begriff anwenden, wenn ein engerer zutrifft. Wer beispielsweise von Pferden spricht, wird diese doch nicht allgemein als „Tiere“ bezeichnen; ebenso sind z. B. das Laufen und Fliegen bei Tieren zwar „natürliche“ Bewegungen, aber man wird sie richtiger körperliche nennen. Daß auch das Vorstellen der Tiere ein „natürlicher“ Vorgang ist, bezweifelt niemand; aber was man in diesem Zusammenhange untersuchen will, ist nicht diese Eigenschaft, sondern ihr Verhältnis zum Körper der Tiere. Weshalb spricht man da nicht von diesem, statt allgemein von der Natur? Wahrlich, nicht nur „Gesetz und Rechte“, wie Mephisto klagt, sondern auch Worte „erben sich, gleich einer ewigen Krankheit fort!“

II.

Die Entstehung der tierischen Vorstellungen.

1. Aus Sinneseindrücken.

Daß die Sinneseindrücke nicht nur die unmittelbarste und reinste, sondern, im Grunde genommen, sogar die alleinige Quelle aller Vorstellungen bilden, ist seit Aristoteles, welcher den Gedanken „Nihil est in intellectu, nisi quod antea fuerit in sensu“ zuerst ausgesprochen haben soll, oft genug dargetan worden. Aber niemand hat die überwiegende Bedeutung der aus Sinneswahrnehmungen hervorgehenden oder anschaulichen Vorstellungen mit größerer Schärfe ausgesprochen, als Schopenhauer, welcher sie geradezu mit Begeisterung immer von neuem hervorhebt. In Rücksicht auf die große Bedeutung dieses Merkmals von Vorstellungen für unsere weiteren Betrachtungen erlaube ich mir, einige dieser Aussprüche hier zusammenzustellen:[1])

„Alle Begriffe entlehnen ihren Stoff von der anschauenden Erkenntnis; daher ruht das ganze Gebäude unserer Gedankenwelt auf der Welt der Anschauungen. — Diese liefern den realen Inhalt alles

[1]) Vgl. „Welt“ Bd. II S. 67ff., 313, Bd. I S. 41.

Denkens, und überall, wo sie fehlen, haben wir nicht Begriffe, sondern bloße Worte im Kopfe gehabt. — Man kann die Anschauungen primäre, unmittelbare und vollständige, die abstrakten Begriffe dagegen sekundäre, mittelbare und unvollständige Vorstellungen nennen. — Der innerste Kern jeder echten und wirklichen Erkenntnis ist eine Anschauung, auch ist jede neue Wahrheit der Ausdruck einer solchen. — Die Anschauung ist nicht nur die Quelle aller Erkenntnis, sondern sie allein ist die unbedingt wahre, die echte, die ihres Namens vollkommen würdige Erkenntnis; denn sie allein erteilt eigentlich Einsicht. — Die Anschauung ist unserem Intellekt das, was für unseren Leib der feste Boden ist, auf welchem er steht. — Die Anschauung ist die lautere, unschuldige Quelle aller unserer Erkenntnisse, von welcher alles Denken seinen Gehalt erst erborgt. — Wie aus dem unmittelbaren Lichte der Sonne in den geborgten Widerschein des Mondes, gehen wir von der anschaulichen, sich selbst vertretenden und verbürgenden, Vorstellung über zur Reflexion, zu den abstrakten Begriffen der Vernunft."

Schopenhauer hat bei diesen Sätzen zwar nur an das menschliche Vorstellen gedacht; aber sie gelten in gleicher Weise für das tierische, weil dieses dieselben Quellen hat. Ja sie gelten hier sogar in noch höherem Maße, weil, wie wir später sehen werden, erst die höheren Tiere zum abstrakten Denken fähig sind, und selbst bei diesen die gegenwärtige Anschauung noch sehr viel mehr, wie beim Menschen, den Vorrang vor abstraktem Denken einnimmt.

Von den einzelnen Sinnen der Tiere, deren besonderen Sinneswerkzeugen, und den in diesen hervorgerufenen Eindrücken der Außenwelt, hat uns die neuere Wissenschaft sehr eingehende Kenntnis verschafft; hier genügt der Hinweis, daß die Erscheinungen der Außenwelt gewisse Eindrücke in den Sinneswerkzeugen verursachen, und daß diese Eindrücke durch die Vermittlung von Nerven, welche deshalb Sinnesnerven („sensible"), im Gegensatze zu den Willensnerven („motorische"), genannt werden, zu geistigen Abbildern von den äußeren Erscheinungen werden. Diese Bilder sind die anschaulichen Vorstellungen, als deren Quelle man daher nicht, wie es häufig geschieht, die Sinneswahrnehmungen, sondern nur die Sinneseindrücke bezeichnen darf, da die Wahrnehmung einer Erscheinung bereits deren Vorstellung einschließt. Da nun das Vorstellen das wesentliche und alleinige Merkmal des Lebens ist, so stehen wir bei der Frage nach der Entstehung der Vorstellungen vor der bedeutsamsten Erscheinung der Entwicklungsgeschichte. Aber leider müssen wir deren Erzählung mit einem schmerzlichen „Ignoramus" beginnen, da wir zwar die Quellen und den Inhalt der tierischen Vorstellungen, aber nicht die Art ihrer Entstehung kennen. Denn wir wissen zwar, daß jede Bewegung eines Tieres mit dem sie verursachenden Reize durch eine Vorstellung verbunden sein muß, welche beides enthält; aber, wie es möglich ist, daß dieses geistige Bild, sei es in einem Gehirn oder in untergeordneten Nervenverbindungen, überhaupt entstehen kann, vermögen wir so wenig zu erklären, daß wenig Aussicht vorhanden ist, hierüber jemals zur Klarheit zu gelangen. Die Schwierigkeit liegt hierbei offenbar darin, daß gänzlich ungleichartige Tatsachen aus einander erklärt werden sollen, nämlich der unsichtbare, unräumliche und ganz persönliche Vorgang des Vorstellens aus der sichtbaren und räumlich in der Außenwelt vorhandenen Erscheinung des Reizes, und wiederum aus dem

Vorstellen die sichtbare und räumliche Handlung. Diese Schwierigkeit wird offenbar nicht geringer, sondern vielmehr noch größer, wenn man jene unsichtbaren Vorstellungsvorgänge von den übrigen Körpervorgängen, inmitten deren sie sich doch gänzlich abspielen, zu trennen versucht und zwischen beiden einen Gegensatz schafft.

Wenn hiernach eine anschauliche Vorstellung dadurch entsteht, daß ein Sinneseindruck in eine Sinneswahrnehmung, d. h. in ein geistiges Bild von der äußeren Erscheinung, umgewandelt wird, so enthält das zu einer Handlung führende Vorstellen stets drei selbständige Bestandteile:

1. den Eindruck der Außenwelt,
2. dessen Umwandlung in eine Vorstellung hiervon,
3. das ihm entsprechende Begehren, also die Vorstellung einer bestimmten Handlung.

Es muß allerdings zunächst etwas gewagt erscheinen, wenn man auch bei den niedersten Tieren von „geistigen Bildern" spricht, und gewiß wird beispielsweise der Eindruck, welchen ein Lichtstrahl auf eine Meduse ausübt, jedenfalls nur eine wenig deutliche, und selbstverständlich unbewußte, Vorstellung erzeugen. Immerhin aber muß es auch in diesem Falle unbedingt zu einer bestimmten Vorstellung kommen, weil andernfalls die ganz bestimmte Wirkung des Lichtreizes, welche in lebhaften Bewegungen des Tieres besteht, nicht eintreten könnte; alsdann aber gleicht diese Vorstellung der Meduse von dem Lichte und ihrer entsprechenden Bewegung wesentlich den unbewußten Willensvorstellungen höherer Tiere. Die Bezeichnung der Vorstellungen als geistiger Bilder soll daher nur in einem sehr weiten Sinne gelten, und auch nicht nur die durch Sehen vermittelten Erscheinungen, sondern alle Sinneswahrnehmungen, also auch die durch Hören, Riechen,

Schmecken, Tasten oder Fühlen entstehenden Vorstellungen umfassen; spricht man doch bei Gehörswahrnehmungen von „Klangbildern". Von der Eigenschaft aller dieser Vorstellungen, daß sie vorhanden sein können, ohne ihrem Träger bewußt zu werden, wird später die Rede sein; doch darf schon hier bemerkt werden, daß das Bewußtsein nur eine Begleiterscheinung einzelner Vorstellungen ist, von welchen deren Entstehung nicht abhängt, und welche deren Inhalt unberührt läßt.

In erster Linie gehört also zur Entstehung einer anschaulichen Vorstellung ein bestimmter Eindruck der Außenwelt, gleichviel durch welches Sinneswerkzeug dieser aufgenommen werden mag, und ob bei einem Tier solche bestimmten Werkzeuge überhaupt vorhanden sind. Die hierbei stattfindenden mechanischen Vorgänge in den Sinneswerkzeugen, welche bei den höheren Tieren so überaus fein und verwickelt sind, kennen wir, wie gesagt, aus den ausgezeichneten Untersuchungen berühmter Forscher ziemlich genau; hier kommt es jedoch nur auf die Feststellung an, daß jeder Sinneseindruck bei einem Tiere in eine Vorstellung übergehen muß, weil es eine andere Möglichkeit für die Entstehung seiner sichtbaren Folgen, nämlich des Handelns der Tiere, nicht gibt. Daß es bei den höheren Tieren auch Vorstellungen gibt, welche nicht unmittelbar aus Sinneseindrücken bestehen, und auch solche, welche nicht ein Begehren enthalten, darf einstweilen unerörtert bleiben; jedenfalls sind bei dem einfachsten und ursprünglichsten Vorstellen Sinneseindruck und Wollen gewissermaßen die beiden Pole des ganzen Vorganges. Aber leider sind es nur die Sinneseindrücke, deren Entstehung uns die Wissenschaft so verständlich gemacht hat, während wir die geistige Erfassung dieser Eindrücke d. h. ihre Umwandlung in Vorstellungen, nicht zu erklären vermögen. Denn, wenn man sagt, daß ein Sinneseindruck durch Sinnesnerven zu gewissen Vorstellungsmittelpunkten des Nervensystems, insbesondere bei den höheren Tieren zum Gehirn, „geleitet" werde, so ist dies offenbar keine Erklärung, sondern im besten Falle nur eine Beschreibung des Vorganges, selbst wenn hierbei die bekannten Annahmen über Bewegungen der Nervenmoleküle als erwiesen betrachtet werden, wonach die „Fortleitung" der Sinneseindrücke durch „molekulare Konstruktionswellen" in der Nervenmasse bewirkt wird.[1]) Auch ist die hierbei allgemein übliche Ausdrucksweise, daß man von einer „Leitung" der Eindrücke spricht, äußerst ungenau, da doch hiervon eigentlich nur bei einem bestimmten Stoffe oder einer bestimmten Kraft die Rede sein kann, während es sich bei diesen Nervenvorgängen um die Vermittlung verschiedener, gänzlich ungleichartiger, Vorgänge handelt. Beispielsweise werden Wasser, Gas und Elektrizität durch „Leitung" räumlich fortbewegt, ohne daß sich an ihrem Wesen etwas ändert; dagegen ist die Umwandlung der Sinneseindrücke in Vorstellen und Handeln gerade das wesentliche Merkmal der fraglichen Nervenvorgänge. Denn ein Sinneseindruck ist an sich unwirksam und gewissermaßen nur objektiv vorhanden; erst als Vorstellung bei einem Tier gewinnt er die Macht, in dessen Handlung äußerlich sichtbar zu werden. Daher wird der Sinneseindruck erst durch sein Vorgestelltwerden zu einer Sinneswahrnehmung. Ein weiterer Schritt geschieht alsdann, wenn diese Vorstellung selbst wahrgenommen, d. h. erkannt und begriffen, wird, wodurch das Bewußtsein entsteht; hiervon wird später die Rede sein.

---

[1]) Vgl. Romanes „Geistige Entwicklung", S. 25.

2. Die Entstehung von Vorstellungen durch Denken.

Schopenhauer, obwohl er in seiner großen Liebe zu den Tieren, und in der Anerkennung sittlicher Pflichten des Menschen gegen sie, seiner Zeit weit vorausgeeilt war, konnte sich doch nicht entschließen, den Tieren die Fähigkeit zum bewußten Denken zuzusprechen; vielmehr erblickte er den Unterschied zwischen Tier und Mensch gerade darin, daß nur dieser Vernunft, als die Fähigkeit abstrakten Denkens, das Tier dagegen nur Verstand, im Sinne des anschaulichen Vorstellens, besitze.[1]) Diese Auffassung darf jedoch als so gänzlich überwunden gelten, daß wir auch bei den höheren Tieren das bloße Denken als eine Quelle von Vorstellungen anerkennen müssen, wie ich sogleich zeigen werde. Während aber Schopenhauer den Tieren wenigstens das anschauliche Vorstellen ließ, wollen viele ihnen das Vorstellen überhaupt absprechen. So erklärt der als Ameisenforscher bekannt gewordene Erich Waßmann, die Tiere besäßen nur ein „instinktives Seelenleben", während das „Geistesleben" erst beim Menschen beginne,[2]) und ähnlich lauten zahlreiche Urteile über die Tiere. Wie unzutreffend diese sind, werde ich später an den bewußten, also auf Schlußfolgerungen beruhenden, Handlungen von Tieren zeigen; zuvor muß jedoch das Wesen derartiger Vorstellungen klargestellt werden.

Unter „abstrakten" Vorstellungen, deren wir also auch die höheren Tiere zweifellos fähig sehen werden, pflegt man zweierlei Arten von Vorstellungen zu verstehen, je nachdem man an deren Ursprung oder Inhalt denkt.

---

[1]) Vgl. z. B. „Welt" II. 62ff.; Parenga II. 317.

[2]) Erich Waßmann „Instinkt und Intelligenz im Tierreich". Freiberg 1899. S. 29, 44, 50.

Während nämlich, wie wir soeben sahen, die anschaulichen Vorstellungen aus Sinneseindrücken entstehen, nennt man jede aus einer solchen Vorstellung durch Denken abgeleitete Vorstellung eine „abstrakte"; man kann diese daher passend eine „abgeleitete" Vorstellung nennen. Andererseits spricht man von „abstrakten" Vorstellungen im Gegensatze zu solchen, welche ein Wollen oder Begehren enthalten, eine Mehrdeutigkeit, welche in hohem Grade verwirrend ist. Denn in dem ersteren Sinne, als nichtanschaulich, kann eine abstrakte Vorstellung auch ein Wollen enthalten, wenn dieses erst durch längere Überlegung entstanden ist; ja, streng genommen, ist sogar jede Willensvorstellung eine abgeleitete, insofern sie immer erst aus einer Sinneswahrnehmung oder anschaulichen Vorstellung entspringt. Ebenso kann in dem zweiten Sinne, als willensfrei, eine abstrakte Vorstellung zugleich anschaulich sein, z. B. die Empfindungen der Furcht und des Schmerzes bei einem Anblick. Um diese Vieldeutigkeit des „Abstrakten", und zugleich dieses häßliche Wort zu vermeiden, sollte man daher von „abgeleiteten" Vorstellungen sprechen, wenn man deren Ursprung, und von „willensfreien", wenn man ihren Inhalt hervorheben will.

Ich werde später zeigen, daß der Eintritt solcher Vorstellungen von der Tatsache des Bewußtseins abhängt; die Fähigkeit hierzu nennen wir Vernunft, deren Anwendung daher lediglich in bewußtem Denken besteht. Dieses setzt sich aus abgeleiteten Vorstellungen zusammen, welche als Erfahrung die Vergangenheit, als Anschauung die Gegenwart und als Schlußfolgerung die Zukunft umfassen können; es unterliegt keinem Zweifel, daß sie in jeder dieser Erscheinungen bei den höheren Tieren vorkommen. Das Denken, d. h. die Ableitung von neuen Vorstellungen aus bereits vorhandenen, kann jedoch auch unbewußt stattfinden, indem das Bewußtsein, welchem es allerdings stets seinen ersten Anstoß verdankt, das Vorstellen wieder verläßt; auch hiervon kann erst später ausführlicher die Rede sein, nachdem ich die so ungeheuer wichtige Tatsache des Bewußtseins erläutert haben werde. Das Denken ist stets, auch wenn es unbewußt erfolgt, folgerichtig, weil es, gleich jeder Fähigkeit der Tiere, durch natürliche Entwicklung entstanden ist. Denn der Auslese und dauernden Vererbung können nur solche Eigenschaften unterliegen, welche für ihre Träger von Nutzen sind, und dies konnte das Denken nur sein, wenn es folgerichtig war. Diese Eigenschaft bedeutete daher beim Denken dasselbe, wie beispielsweise beim Laufen oder Fliegen von Tieren die Schnelligkeit, oder bei ihren Sinneseindrücken die Feinheit und Schärfe der Wahrnehmung; ja die zur Vervollkommnung führende Entwicklung müßte hier noch viel schärfer einsetzen, als in diesen Beispielen, weil die Tiere durch unrichtiges Denken zu äußerst schädlichen Handlungen veranlaßt wurden, welche, gleich allem dauernd Schädlichen, durch die natürliche Auslese verschwinden mußten. Das Ergebnis dieser Entwicklung ist daher, daß alles Denken der Tiere an sich folgerichtig ist, gleichviel ob es unbewußt oder bewußt stattfindet, wodurch natürlich unzutreffende Voraussetzungen oder falsche Wahrnehmungen nicht ausgeschlossen werden. Jedes Tier richtet seine Handlungen nach Erwartungen und Sinneswahrnehmungen folgerichtig ein, und wir erwarten niemals etwas anderes von ihnen; daher wird jeder Jäger gegenüber dem Wilde, wie auch jedes Raubtier gegenüber seinen Beutetieren, auf diese sichere Annahme seinen Plan bauen.

Da der Beginn alles abgeleiteten Vorstellens, wenn auch nicht dessen weiterer Verlauf, stets durch bewußte Erkenntnis eingeleitet wird, so dürfen wir daher aus der

Tatsache folgerichtigen Handelns bei einem Tier stets mit Gewißheit schließen, daß es zu bewußtem Vorstellen fähig ist, d. h., daß es Vernunft besitzt. Diese wird häufig mit dem Bewußtsein verwechselt, obwohl sie gänzlich hiervon verschieden ist. Denn, während die Vernunft eine Fähigkeit des tierischen Geistes, und zwar die höchste, welche dieser erlangt hat, ist, besteht das Bewußtsein nur in einer Tatsache, nämlich in einem wechselnden Zustande von Vorstellungen im Verhältnis zu ihren Trägern. Es ist daher nur eine Begleiterscheinung von Vorstellungen und kann diesen anhaften oder fehlen, ohne daß hierdurch an deren Inhalt etwas geändert würde. Die so überaus häufige, ja, wie ich später zeigen werde, gradezu allgemeine, Verwechslung des Bewußtseins mit der Vernunft, als der Fähigkeit hierzu, bedeutet daher nichts anderes als wenn man beispielsweise das Licht der Sonne mit dieser selbst verwechseln würde. Dieser Gleichstellung des Bewußtseins mit der Vernunft liegt daher derselbe Irrtum zugrunde, aus welchem man die Seele der Tiere zu einer „inneren Fähigkeit" gestempelt hat, während sie in Wahrheit nur die Gesamtheit aller Vorstellungen eines Tieres, also eine Summe von Tatsachen oder Zuständen ist.

III.

Der Inhalt der tierischen Vorstellungen.

1. Wollen und Handeln.

Auf den niederen Stufen der Tierwelt ist die geistige Tätigkeit so sehr auf die unmittelbare Notdurft des Lebens beschränkt, daß hier die Eindrücke der Außenwelt und die diesen entspechenden Begehrungen den alleinigen Inhalt alles Vorstellens bilden, während bei den höheren Tieren, infolge allmählicher Vervollkommnung ihres Vorstellungsvermögens, nicht nur die abgeleiteten Vorstellungen, von welchen soeben die Rede war, sondern auch die Gefühle hinzutreten, welche ebenfalls nicht unmittelbar auf ein Handeln gerichtet sind. Das Vorstellen der höheren Tiere hat daher keineswegs immer ein Wollen und Handeln zum Inhalte; dagegen setzt es stets unbedingt ein Vorstellen voraus, dessen Inhalt ein ganz bestimmter Erfolg, also eine sichtbare Handlung, bildet. Selbst die einfachste Bewegung eines niedersten Tieres kann auf keine andere Weise gedacht werden, als, daß sie von diesem vor ihrer Ausführung vorgestellt wird, da ja sonst eine ganz beliebige andere Bewegung stattfinden könnte, während doch ein bestimmter Reiz nur eine ganz bestimmte, und keine andere, Bewegung herbeiführt. Wie es daher z. B. kein Sehen ohne einen bestimmten Gegenstand gibt, so kann ein Tier nicht schlechthin und allgemein „wollen“, sondern nur mit der Vorstellung von einem ganz bestimmten äußeren Erfolge; ohne solchen Inhalt kann eine Vorstellung überhaupt nicht eintreten, geschweige denn eine Handlung, oder auch nur den Versuch einer solchen, bewirken. Jede Handlung eines Tieres ist daher vor ihrem äußeren Eintritt in dessen Vorstellen enthalten, mag auch zeitlich ein noch so geringer, gar nicht meßbarer, Zwischenraum zwischen beiden eingetreten sein. Aber mit der wachsenden Zahl und Manigfaltigkeit der Vorstellungen wird dieser Zwischenraum immer breiter, indem sich zwischen die bloße Vorstellung einer Handlung und deren Ausführung die Vorgänge der Überlegung und Wahl einschieben, bis von verschiedenen Begehrungen eine ganz bestimmte zum endgültigen Willensentschlusse reift und zur sichtbaren Handlung wird. Erst bei den höheren, und namentlich den höchsten, Tieren stellt sich daher der Zweifel vor den schnellen Entschluß, indem das bewußte Vorstellen verschiedener Handlungsmöglichkeiten zu deren Abwägung und Vergleichung in Rücksicht auf ihren Erfolg führt; noch mehr beim Menschen, wo schließlich keine wichtige Handlung ohne solches Zögern des Wollens stattfindet, sondern stets „die gesunde Farbe der Entschließung von des Gedankens Blässe angekränkelt“ wird, wie der zaudernde Hamlet klagt.

Diese Grundtatsache, daß jede Handlung eines Tieres, und zwar auch die einfachste Bewegung eines mikroskopischen Urtierchens, ja sogar jede Reizhandlung einer Pflanze vor ihrer sichtbaren Erscheinung bereits als Vorstellung vorhanden gewesen sein muß, ist von ungeheurer und entscheidender Bedeutung für die richtige Beurteilung der tierischen Handlungen; aber, obwohl sie von so zwingender logischer, ja beinahe anschaulicher Wahrheit ist, wird sie vielfach, sogar von den meisten Naturforschern, übersehen, weil man die Bedeutung und das Wesen des unbewußten Vorstellens verkennt. Hiervon wird später die Rede sein; es ist mir aber völlig unbegreiflich, wie man sich das Zustandekommen der einfachsten Bewegung eines Tieres ohne deren Vorstellung in irgend einem Nervenmittelpunkte denken will. Wo eine Bewegung des Stoffes sichtbar ist, welche nicht unmittelbar durch dessen bekannte Eigenschaften mechanisch, chemisch oder elektrisch verursacht worden ist, da ist ihr so sicher eine Vorstellung vorausgegangen, wie jedem Rauch ein Feuer; wo wir umgekehrt die Bewegung eines Körpers durch dessen Stoffgesetze unmittelbar erklären können, ohne die Vermittlung von Ursache und Wirkung durch eine Vorstellung annehmen zu müssen, wie z. B. beim Fallen eines Steines, da sind wir sicher, nicht die Handlung eines Lebewesens, sondern eine Bewegung leblosen Stoffes vor uns zu haben. Denn Leben bedeutet Vorstellen. Freilich entschwindet auch diese einzige überhaupt mögliche Unterscheidung zwischen leblosem und lebendem Stoffe vor der Erkenntnis des geschichtlichen Zusammenhanges beider, da ja das Leben oder Vorstellen einst im leblosen Stoffe durch natürliche Entwicklung entstanden ist, wie später das Bewußtsein bei tierischen Vorstellungen inmitten unbewußten Handelns.

Aus dieser unlösbaren Verbindung jeder Handlung eines Tieres mit einer sie enthaltenden Vorstellung ergibt sich, daß die Eigenschaft des Bewußtseins gleichmäßig beiden entweder fehlt oder zukommt; denn, da sich das Bewußtwerden nicht in der Außenwelt des Handelns, sondern nur innerhalb des Vorstellens vollziehen kann, so kann eine Handlung nicht erst als solche, sondern nur als Vorstellung bewußt werden; dies bedarf der ausdrücklichen Feststellung, weil im folgenden vielfach von bewußten und unbewußten Handlungen die Rede sein wird. Aus der Einheitlichkeit jener Handlung mit ihrer Vorstellung im Wollen folgt ferner die unbedingte Bestimmtheit („Determination“) allen Wollens, wie wir am deutlichsten an uns selbst erkennen können. Denn unsere Vorstellungen sind nicht unser Werk, sondern sie finden sich ohne unser Zutun, ja oft sogar gegen unseren Wunsch, ein. Wie das Atmen und der Kreislauf unseres Blutes ununterbrochen stattfindet, ohne daß wir diese Vorgänge beeinflussen, so erscheinen unaufhörlich Vorstellungen in unserem Gehirn, ohne daß wir sie rufen, ja die meisten ohne daß wir sie bemerken, d. h. uns ihrer bewußt werden. Unter diesen sind die Willensvorstellungen mit verschiedener Stärke im Verhältnis zueinander ausgerüstet, welche wir ihnen ebenfalls nicht verleihen können, sondern welche sie bereits bei ihrer Entstehung besitzen. Wenn sie alsdann in einen Widerstreit miteinander geraten, wie solcher bei der unendlichen Mannigfaltigkeit der Begehrungen und der äußeren Reize fortwährend entstehen muß, so haben wir auf den Ausgang dieses Kampfes genau so viel Einfluß, wie der Zuschauer eines Theaterstückes auf dessen Verlauf hat; ja, wir können den Kampf verschiedener Willensvorstellungen in uns nicht einmal so deutlich beobachten wie ein Theaterstück, weil sie uns nicht alle bewußt werden. Unser Anteil besteht daher lediglich darin, das Ergebnis des Kampfes zur Kenntnis zu nehmen und die obsiegende Willensvorstellung zu vollstrecken. Auch die Freiheit des menschlichen Willens, oder richtiger Wollens, ist daher eine haltlose Annahme, nur erfunden zur größeren Ehre der Menschen gegenüber den Tieren, obwohl diese Willensvorgänge bei diesen wesentlich gleichartig und nur weniger verwickelt sind. Denn auch bei den Tieren muß häufig, sowohl zwischen einzelnen Instinkten, wie zwischen solchen und bewußten Vorstellungen, ein lebhafter Widerstreit stattfinden, z. B. zwischen Hunger und Geschlechtsbegierde, oder zwischen Mutterliebe und der Furcht vor einer bewußt erkannten Gefahr; aber auch hierbei kann der endliche Entschluß lediglich durch die Stärke einzelner Vorstellungen bestimmt werden, und diese ist ihnen gewissermaßen angeboren, d. h. schon bei ihrem Auftauchen eigen. Wenn man daher die Ehre, die in einem Willenskampfe siegreich gebliebene Willensvorstellung vollstrecken zu dürfen, als „Willensfreiheit“ bezeichnen will, so wird man nicht umhin können, diese auch den Tieren zuzusprechen.

2. Willensfreie Vorstellungen.

a) Die Gefühle.

In den Beschreibungen tierischer Seelenvorgänge werden die beiden Begriffe des Fühlens und des Empfindens, und zwar sowohl einzeln, wie in ihrem Verhältnis zueinander, selten mit genügender Schärfe dargestellt, und sogar vielfach als gleichbedeutend behandelt. Da aber allgemein vorausgesetzt werden darf, daß die Sprache niemals mit mehreren Worten dasselbe, sondern mit verschiedenen Worten stets auch verschiedene Dinge bezeichnen will, so sind wir verpflichtet, jedem Begriffe eine ganz bestimmte, nur ihm allein zukommende, Bedeutung zu unterstellen, oder gewissermaßen in jede sprachliche Form einen ganz bestimmten Inhalt zu gießen; namentlich auf unserem Gebiete muß es hoffnungslos erscheinen, den so zarten Stoff zu meistern, wenn über den Inhalt der einzelnen Begriffe nicht volle Klarheit herrscht. Die Gefahr der Verwirrung wird hierbei sehr dadurch gesteigert, daß viele besonders maßgebende Worte recht wenig ausdrucksvoll sind.

Denn, während die Bedeutung einzelner Begriffe, wie z. B. Gedanke, Vorstellung, Erkenntnis, Wahrnehmung, in diesen Wortformen so deutlich ausgedrückt ist, daß man diese ohne weiteres richtig auslegt, sind andere Worte, wie z. B. Seele, Geist, Vernunft, Gefühl, so ausdruckslos, daß erst ein bestimmter Sprachgebrauch ihre einheitliche Bedeutung herstellen kann, wie eine Münze erst durch die Prägung ihren ganz bestimmten, sichtbaren Wert erhält. Indessen darf hierbei nicht ein willkürlicher Gebrauch Platz greifen, sondern man muß versuchen, die Worte auszulegen, d. h. ihre vorauszusetzende Bedeutung zu ermitteln.

Zunächst ist es klar, daß alle Gefühle der Tiere in Vorstellungen bestehen, oder, genauer ausgedrückt, den Inhalt von Vorstellungen bilden, und ferner, daß sie mit Wollen oder Begehren unmittelbar nichts zu tun haben, sondern zu den willensfreien Vorstellungen gehören. Da die Gefühle der Tiere ferner in einem deutlichen Gegensatze zum Denken stehen, so dürfen wir sie als diejenigen Vorstellungen erklären, welche weder ein Wollen noch abgeleitetes Denken enthalten. Beides kann die weitere Folge eines Gefühls sein; beispielsweise kann bei einem Tiere aus dem Gefühl einer Verwundung das Verlangen nach Flucht oder nach Gegenwehr, also eine Willensvorstellung, entstehen, und das Tier kann über die Ursache seiner Leiden nachdenken, also zu abgeleiteten Vorstellungen gelangen. Aber die Gefühlsvorstellung an sich enthält offenbar nichts von diesen, erst durch sie herbeigeführten Vorstellungen. Es dürfte daher durchaus verkehrt sein, wenn Wilhelm Wundt die Gefühle ganz mit dem Wollen vermengt, indem er erklärt:

„Fühlen und Wollen hängen innig zusammen. Jeder Willensvorgang stellt, wenn wir ihn in die für ihn charakteristischen Bestandteile zerlegen, einen in sich abgeschlossenen Verlauf von Gefühlen dar. Sodann aber ist umgekehrt auch das Gefühl ein Zustand, der nur bei einem willensfähigen Wesen denkbar ist. — Fühlen setzt das Wollen, Wollen das Fühlen voraus.[1]) Denn willensfähig ist jedes Lebewesen, einschließlich der Pflanzen, da es kein Handeln ohne Wollen gibt, und Handeln nach Vorstellungen das Merkmal des Lebens ist. Das Fühlen hängt aber nicht enger mit dem Wollen zusammen, wie das abgeleitete Denken. Beide können Ursache (Beweggrund) von Gefühlen sein; doch ist es leicht, das Wollen selbst, also das Begehren eines äußeren Erfolges, völlig hiervon zu trennen, und dies muß geschehen, wenn man nicht auf die Abgrenzung der Begriffe überhaupt verzichten will. Die obige Erklärung der tierischen Gefühle leidet zwar an dem Mangel, in verneinender Form zu erscheinen; aber es wird kaum möglich sein, sie durch eine bejahende zu ersetzen. Wenn beispielsweise Kant die Gefühle als „subjektive" Vorstellungen, im Gegensatze zur „objektiven Erkenntnis", erklärt, so erscheint dies wenig zutreffend, da nicht einzusehen ist, inwiefern das Denken weniger subjektiv wie das Fühlen wäre. Eher könnte man wohl sagen, die Gefühle seien diejenigen Vorstelluugen, welche nur ein Leiden enthalten, im Gegensatze zu der Tätigkeit, welche sowohl im Wollen wie im Denken angedeutet ist; doch ist die obige verneinende Erklärung offenbar umfassender. Ähnlich dieser, jedoch ungenau und unvollständig, erklärt Schopenhauer, der Inhalt der Gefühle bestehe darin, daß etwas „im Bewußtsein vorhanden wäre, ohne abstrakte Erkenntnis zu sein";[2]) aber hierbei sind einerseits die Willens-

---

[1]) Wilhelm Wundt „Vorlesungen über die Menschen- und Tierseele" S. 221, 240ff.

[2]) „Welt", Bd. I S. 61

vorstellungen übersehen, und andererseits die Gefühle ganz in das Bewußtsein verlegt, während es, wie ich später zeigen werde, auch unbewußte Gefühle gibt.

Für die Unterscheidung zwischen Gefühlen und Empfindungen fehlt es leider so sehr an einem allgemein feststehenden Sprachgebrauche, daß beide Worte bald als gleichbedeutend behandelt, bald in verschiedener Weise einander gegenübergestellt werden. Beispielsweise will Schopenhauer unter den Empfindungen die rein körperlichen Gefühle verstanden wissen; aber diese Unterscheidung erscheint weder sprachlich noch logisch irgendwie begründet. Noch haltloser ist wohl die Erklärung von Romanes, daß die Empfindungen solche Gefühle seien, welche durch Reize hervorgerufen würden,[1]) während der „Philosoph des Unbewußten" zwischen Gefühlen und Empfindungen gar nicht unterscheidet und beide bald mit den Vorstellungen überhaupt, bald mit den Sinneswahrnehmungen verwechselt.[2]) Mir scheint es, als ob in dem Worte „Empfinden" ein Anklang an bewußtes Fühlen läge, welcher dem Begriff „Gefühl" fehlt. Da es nun in der Tat Gefühle gibt, welche nicht immer bewußt werden, z. B. die sinnlich wahrgenommenen Gefühle der Wärme und Kälte, so können wir passend unter den Empfindungen diejenigen Gefühle verstehen, welche nur bewußt vorkommen, weil sie erst durch abgeleitetes Denken entstehen, wie z. B. Furcht, Neid, Haß, Rache, Reue, Scham, Dankbarkeit, Sehnsucht und Hoffnung. Daß alle diese Empfindungen bei höheren Tieren wirklich vorkommen, ist bekannt und wird später noch erörtert werden; da sie aber

---

[1]) „Geistige Entwicklung", S. 79.

[2]) Vergl. E. v. Hartmann „Philosophie des Unbewußten", z. B. Kapitel B. 8.

sämtlich eine Erwägung der Bedeutung einschließen, welche ein bestimmter Gegenstand oder Vorgang für das betreffende Tier hat, so können sie diesem unbewußt nicht eintreten. Während ferner das zunächst ebenfalls von bewußtem Vorstellen abhängige abgeleitete Denken leicht nachträglich unbewußt werden kann, bleiben die Empfindungen auch deshalb vom Bewußtsein unzertrennlich, weil dieses, wie ich später zeigen werde, stets entweder Lust oder Unlust erzeugt; man entscheide an sich selbst, ob eine der soeben genannten Empfindungen ohne ein starkes Gefühl der einen oder anderen Art möglich ist. Daß diese Empfindungen nur innerhalb bewußten Vorstellens vorkommen und sogar unmittelbare Bestandteile jeden Bewußtseins bilden, werde ich ebenfalls später nachweisen. Dagegen scheint es mir durchaus willkürlich, wenn Wilhelm Wundt unter Empfindungen „die nicht weiter in einfachere psychische Bestandteile zerlegbaren Elemente der Vorstellungen" versteht,[1]) z. B. „die Empfindungen blau, gelb, warm, kalt" im Gegensatze zu den „zusammengesetzten Vorstellungen Haus, Tisch, Sonne, Mond". Denn auch die Vorstellungen von Farben, Wärme usw. sind, selbst für einen wissenschaftlich gebildeten Menschen, geschweige denn für ein Tier, nicht ohne einen bestimmten Gegenstand möglich, welchem diese Eigenschaften zukommen sollen; man mache nur den ernstlichen Versuch, sie sich anders vorzustellen. Es handelt sich daher hierbei lediglich um Sinneswahrnehmungen.

Für die Entstehung der Gefühle kommen die oben erörterten Entstehungsquellen aller Vorstellungen in Betracht. Sie werden daher entweder durch Sinneseindrücke oder durch abgeleitetes Denken erzeugt, und nur in diesem

[1]) a. a. O. S. 23.

letzteren Falle sollte man sie als „Empfindungen" bezeichnen; wenn daher diese, wie mir scheint durchaus annehmbare Unterscheidung festgehalten werden darf, so verhalten sich die Gefühle zu den Empfindungen genau so, wie die anschaulichen zu den abgeleiteten Vorstellungen. Hierbei ist nicht nur der sogenannte „Gefühlssinn", sondern auch jeder andere Sinn wirksam; beispielsweise kann bei einem Tiere durch den Anblick eines andersgeschlechtlichen derselben Art das Gefühl geschlechtlicher Erregung, oder durch einen Geruch ein Gefühl des Widerwillens erweckt werden. Es würde vielleicht überhaupt richtiger sein, den allgemeinen „Gefühlssinn" ganz auszuschalten, und statt dessen für jedes besondere Gefühl, auch wenn hierfür kein besonderes Sinneswerkzeug vorhanden ist, einen besonderen Sinn anzunehmen, also neben dem Sehen, Hören, Riechen, Schmecken und Tasten noch besondere Sinne für die Wahrnehmungen der Wärme, des Raumes, der chemischen und elektrischen Reize, des Druckes, Widerstandes usw. gelten zu lassen, obwohl ja hierbei lediglich die äußere Hautdecke allgemeines Sinneswerkzeug ist, aus welcher sich ja bekanntlich alle besonderen Sinneswerkzeuge erst allmählich entwickelt haben. Auch Häckel hat bereits den „Gefühlssinn" aufgegeben und im ganzen acht Einzelsinne aufgestellt, indem er den vier mit besonderen Werkzeugen ausgestatteten Sinnen diejenigen des Druckes, der Wärme, des Raumes und der Wollust hinzugefügt hat;[1]) aber diese Aufzählung dürfte nicht vollständig sein, da mindestens noch die Empfänglichkeit für chemische und elektrische Reize berücksichtigt werden müßte. Man wird daher entweder diese Liste vervollständigen, oder einstweilen bei dem alten „Gefühlssinn"

[1]) „Anthropogenie", Bd. II S. 732ff.

verbleiben müssen, welcher dann gewissermaßen als eine „clausula generalis“ alle nicht besonders ausgesonderten Sinneswahrnehmungen umfassen muß. In jedem Falle aber ist diese Entwicklung der Sinne ein Vorgang, welcher uns zu überwältigender Bewunderung hinreißen muß, da er ja die Grundlage der gesamten Geistesentwicklung bei den Tieren, einschließlich des Menschen, bildet. Einst die einfache, allgemeine Reizbarkeit in der Außenseite einzelliger Urtiere, jetzt die unendliche Mannigfaltigkeit der Vorstellungen, welche bei den höheren Tieren zu einem umfassenden Seelenleben zusammenwirken, wie etwa in einem Musikstück unendlich viele einzelne Töne zu herrlichster Harmonie zusammenklingen.

Unter gänzlicher Verkennung dieser Einheit des Vorstellungslebens, und auch der Sinneswahrnehmungen, hat neuerdings Herr Dr. Zell den höheren Tieren eine ganz einseitige Gestaltung ihrer Sinneswerkzeuge zugeschrieben und die merkwürdige Behauptung aufgestellt, daß alle Tiere wesentlich entweder auf den Geruchssinn, oder auf das Sehen angewiesen seien. Hiernach teilt Herr Dr. Zell die höheren Tiere in „Nasentiere“ und „Sehgeschöpfe“ ein, und zwar sollen zu diesen letzteren alle Vögel und die „Hälfte“ der Säugetiere gehören, während angeblich die „andere Hälfte“ der Säugetiere die Klasse der „Nasentiere“ bildet, für welche „das Licht gleichgültig ist“; von den „Sehgeschöpfen“ soll wiederum die „Hälfte“ Tagseher, die „andere Hälfte“ Nachtseher sein.[1]) Aber, abgesehen von der kühnen Berechnung dieser Hälften und Viertel, beweist alles, was der Verfasser zur Begründung dieses „Fundamentalgesetzes“ anführt, nichts weiter als

[1]) Dr. Th. Zell „Ist das Tier unvernünftig?“ Stuttgart, Kosmos. S. 53, 88.

die einfache und jedem Menschen bekannte Tatsache, daß gewisse Arten von Tieren besser sehen, und andere wiederum besser riechen wie andere Arten, eine Tatsache, welche als ein ganz selbstverständliches Entwicklungsergebnis erscheint, da natürlich bei jedem Tiere diejenigen Sinne besonders vervollkommnet werden mußten, von welchen es bei seinen gesamten Lebensverhältnissen hauptsächlich Gebrauch machte. Es bedarf keiner Ausführung, wie notwendig die natürliche Auslese und Anpassung hierzu führen mußten; der Verfasser verwirft zwar, unter scharfen Angriffen gegen Darwin, diese Gesetze, ohne indessen, außer einigen teleologischen Andeutungen, etwas anderes an deren Stelle zu setzen. Da ferner die höheren Tiere mindestens fünf, vielleicht aber, wie wir soeben sahen, noch zahlreichere Einzelsinne besitzen, so ist es doch überaus willkürlich, die Tierwelt nach dem Vorherrschen zweier bestimmter Sinne kennzeichnen zu wollen. Mit demselben Rechte würde man sämtliche Bäume in Apfel- und Birnenbäume einteilen; ja das System des Herrn Dr. Zell ist noch unlogischer als diese Einteilung, da wenigstens ein Apfelbaum kein Birnbaum sein kann, während glücklicherweise alle höheren Tiere zugleich Nasen- und Sehtiere sind, da sie sowohl riechen wie sehen, daneben aber auch noch die anderen Sinne besitzen, welche für den Verfasser gar nicht vorhanden sind. So enthüllt sich das „Fundamentalgesetz“ des Herrn Dr. Zell als ein Fundamentalirrtum, welcher dadurch verhängnisvoll ist, daß er die Einheit des tierischen Geisteslebens zerreißt und an die Stelle ihres vielseitigen Wahrnehmungsvermögens eine einseitige Beschränktheit auf einen einzigen Sinn setzt. Gegenüber der Verbreitung, welche diese merkwürdige Theorie gefunden hat, glaubte ich, sie bei Erörterung der tierischen Sinneswahrnehmungen nicht übergehen zu dürfen; im übrigen soll das Verdienst des Herrn Dr. Zell um das allgemeine Interesse für Tierfragen durch diese Ablehnung nicht geschmälert werden. Recht unglücklich lautet jedoch der Titel seines Buches „Ist das Tier unvernünftig?“ Welches Tier will der Verfasser mit dieser Frage zur Beurteilung stellen? Seesterne und Würmer? oder Hunde und Affen? bei der außerordentlichen Verschiedenheit der Geistesfähigkeiten innerhalb der Tierwelt würde wohl eine Einschränkung in dieser Hinsicht unbedingt nötig gewesen sein. Aber wie kann überhaupt die Frage gestellt werden, ob irgend ein Tier „unvernünftig“ ist, also widersinnig handelt? Der Verfasser hat jedenfalls fragen wollen, ob es „vernunftlos“, d. h. unfähig zu bewußtem Vorstellen, sei; denn der Gegensatz der Vernunft ist nicht Unvernunft (dementia), sondern Vernunftlosigkeit, d. h. die Beschränkung auf anschauliches Vorstellen und unbewußtes Handeln. Wonach der Verfasser fragen wollte, dürfte daher „das Bewußtsein der höheren Tiere“ sein; dieses werde ich später ausführlich zu erklären versuchen.

b) Abgeleitetes Denken.

Von denjenigen Vorstellungen, welche durch bloßes Denken erzeugt werden, habe ich bereits oben, im Gegensatze zu den anschaulichen, gesprochen, als von der Entstehung aller Vorstellungen die Rede war. Aber auch bei der Feststellung des Inhaltes der Vorstellungen muß das abgeleitete Denken erwähnt werden, weil es neben den Gefühlen eine zweite Art von Vorstellungen bildet, welche nicht ein Wollen oder Begehren enthalten. Die Unterscheidung der Vorstellungen der Tiere nach ihrem Inhalte deckt sich daher keineswegs mit derjenigen nach ihrem Ursprunge, sondern das bloße Denken kann sowohl

Willens- wie Gefühlsvorstellungen erzeugen, und es gibt willensfreie Vorstellungen bei Tieren sowohl mit dem Inhalte des Fühlens wie des abgeleiteten Denkens. Da nun, wie ich später zeigen werde, die Fähigkeit zum abgeleiteten Denken diejenige zum Bewußtwerden von Vorstellungen voraussetzt, und diese beiden eng miteinander verbundenen Fähigkeiten schon bei ziemlich tief stehenden Tieren vorhanden sind, so muß gegen die noch immer nicht überwundenen Versuche, den Tieren die Fähigkeit zum abgeleiteten Denken überhaupt abzusprechen, lebhaft Widerspruch erhoben werden. Wenn beispielsweise der bereits oben erwähnte Erich Waßmann bemerkt:

> „Alle Äußerungen tierischer Intelligenz sind nur scheinbar und bestehen in einer durch individuelle Sinneswahrnehmungen geleiteten und modifizierten Ausübung der erblichen Instinkte“,[1])

so ist hierauf zu entgegnen, daß wohl kaum ein anderer Entwicklungsvorgang das Eingreifen bewußten Denkens so lebhaft herausfordert, wie dies gerade zur Abänderung von Instinkten notwendig ist. Denn gegenüber den plötzlichen Gefahren, welche die blinde Ausübung festgewurzelter Instinkte bei veränderten äußeren Lebensbedingungen jedesmal mit sich bringen muß, würde die, sonst gewiß allgemein vorwiegende, natürliche Auslese von Zufallshandlungen meist zu spät kommen, um ungeheure, dauernde Schädigungen von den Tieren abzuhalten, während die bewußte Erkenntnis überwiegender Nachteile bei solchen Handlungen schnell zu zweckmäßigen Einzelhandlungen, und sodann im Verein mit Nachahmung, Vererbung und Auslese, zu dauernden Abänderungen bisheriger Gewohnheiten führen mußte. An unzähligen Vorgängen in der

[1]) a. a. O. S. 51.

Entwicklungsgeschichte der einzelnen Instinkte läßt sich dieses vorteilhafte Eingreifen bewußter Erkenntnis in eine angeborene Instinkttätigkeit verfolgen, und wir werden später, bei Betrachtung der Instinkte, hierauf zurückkommen. Aber schon hier, bei der Feststellung des verschiedenen Inhaltes tierischer Vorstellungen, muß die Fähigkeit der höheren Tiere zum abgeleiteten Denken hervorgehoben werden unter dem Vorbehalte, diese später näher zu beschreiben und nach unten zu begrenzen. Hierbei mußte der, an sich nicht sehr erhebliche, Widerspruch Waßmanns deshalb besonders zurückgewiesen werden, weil dieser fromme Jesuitenpater der Entwicklungslehre gewisse scheinbare Zugeständnisse gemacht hat, durch welche der wahre Zweck aller seiner Schriften einigermaßen verschleiert wird. Als dieser enthüllt sich trotzdem überall das Bestreben, zwischen der angeblich übernatürlichen Seele des Menschen und derjenigen der Tiere eine unüberbrückbare Kluft zu schaffen; es war daher sehr dankenswert, daß neuerdings Häckel das Unternehmen Waßmanns in einem besonderen Aufsatze gebührend kennzeichnete.[1])

---

[1]) Nachwort zu den Vorträgen über den „Kampf um die Entwicklungslehre". Berlin 1905.

IV.

Das Bewußtwerden von tierischen Vorstellungen.

1. Das Bewußtsein.

Mit Recht nimmt die heutige Naturwissenschaft die Lehre von den Seelenvorgängen für sich in Anspruch. Aber es scheint fast, als ob hierbei vielfach ein Vorzug der alten philosophischen Lehrweise preisgegeben würde: Die Sicherheit und scharfe Begrenztheit der seelenwissenschaftlichen Begriffe.[1]) Denn, wenn auch die ältere Philosophie vielfach in ein bloßes „Vernünfteln", wie Kant sich tadelnd ausdrückte, und in ein „nichtiges Spiel mit den leeren Hülsen bloßer Begriffe", wie Schopenhauer denselben Fehler bezeichnete,[2]) ausgeartet war, so zeichnete sie sich doch durch ein Streben nach möglichster Schärfe und Klarheit der von ihr aufgestellten Begriffe aus, welches man bei ihrer jüngeren Schwester vielfach vermißt. Es liegt ja sehr nahe, daß sich die Naturwissenschaft vorwiegend an die, mit so großem Fleiß und Scharfsinn ermittelten Tatsachen hält, und sich bemüht, durch deren Zusammenstellung und Vergleichung

---

[1]) Über diesen Mangel klagt auch Wilh. Wundt in der Vorrede zu seinem genannten Werke.

[2]) „Welt", Bd. II S. 89.

immer weiter fortzuschreiten; aber es ließe sich leicht nachweisen, daß hierbei die scharfe „Dialektik“, welche man früher, beinahe als Selbstzweck, ausgebildet hatte, ein wenig verloren gegangen ist. So werden auch auf dem Gebiete der Seelenkunde viele überaus wichtige Begriffe, wie z. B. diejenigen der Vorstellung, der Vernunft und des Bewußtseins, mit vollendeter Willkür gehandhabt und dauernd miteinander verwechselt. Aber kein anderer Begriff ist hierbei in seiner Bedeutung so schwankend geworden, wie der des „Bewußtseins“, welches bald mit dem bloßen Vorstellen, bald mit der Vernunft, ja sogar mit dem Gefühl verwechselt, selten aber in seiner wahren Bedeutung, als einer bloßen Begleiterscheinung von Vorstellungen, richtig erkannt und angewendet wird. Freilich herrscht gerade in diesem Punkte auch in der älteren Philosophie eine gewisse Verwirrung. So spricht der, sonst so scharf und treffend unterscheidende, Schopenhauer von den wollenden und denkenden „Teilen des Bewußtseins“,[1]) statt des Vorstellens; denn nur dieses kann ein Wollen oder ein Denken enthalten, und beiden kann Bewußtsein zukommen oder auch fehlen, wie Schopenhauer selbst anerkennt.[2]) An einer anderen Stelle[3]) spricht er, übrigens in Übereinstimmung mit Kant, von einem „deutlichen Bewußtsein“ im Gegensatze zu „unklaren Gedanken“, und meint hiermit dem Zusammenhange nach offenbar das bewußte und unbewußte Vorstellen, obwohl doch „unklar“ und „unbewußt“ gänzlich verschiedene Begriffe sind, indem zwar das Bewußtsein, nicht aber das unbewußte Vorstellen „deutlich“ oder „unklar“ sein kann.

---

[1]) „Welt“, Bd. II S. 229.

[2]) Vgl. z. B. ebendas. S. 313.

[3]) Ebendas. S. 148.

Die Neueren befinden sich daher in guter Gesellschaft, wenn sie ähnliche Irrtümer begehen; doch sind diese hier meist noch schwerer. Wenn beispielsweise der vortreffliche Romanes schon den Cölenteraten, also niedersten Darmtieren ohne Bauchhöhle, ohne Blut und Blutgefäße, sowie den Sterntieren, „Bewußtsein" beimißt,[1]) so läßt sich über die Richtigkeit dieser Annahme gewiß streiten; da er aber vorher allgemein bemerkt:[2])

> „die frühste Aufdämmerung des Bewußtseins sei in nervöse Anpassungen zu verlegen, da es unmöglich sei, eine bestimmte Grenze zwischen Reflextätigkeit und bewußter Handlung zu ziehen, und schon das neugeborene Kind habe zwar keine Intelligenz, aber Bewußtsein",

so ist es klar, daß Romanes hier überall „Bewußtsein" mit Vorstellen und „Intelligenz" mit bewußtem Vorstellen verwechselt; denn nicht die bloße Intelligenz oder Vorstellungsfähigkeit der Tiere, sondern das Bewußtsein von Vorstellungen stellt die höchste Stufe ihrer Entwicklung dar. An einer anderen Stelle erklärt Romanes das Wollen als die „Fähigkeit, in bewußter Weise Motive auszuwählen", während es doch auch unbewußtes Wollen gibt, und das Wollen nicht eine Fähigkeit der Tiere, sondern, wie wir soeben sahen, ein Inhalt von Vorstellungen ist. Endlich sieht Romanes in dem Bewußtsein von Tieren den „Weg, auf welchem das geistige Element entstand",[3]) während es sich offenbar gerade umgekehrt verhält, indem Tiere erst lange nach Entstehung des „geistigen Elementes", d. h. des Vorstellens, die Fähigkeit zum Bewußtsein

---

[1]) „Geistige Entwicklung", S. 78.
[2]) Ebendas. S. 70.
[3]) „Geistige Entwicklung" S. 287, ähnlich auch S. 71.

erworben haben. — Auch Wilhelm Bölsche dürfte, wenn er an einer Stelle[1]) von dem „intuitiven Bewußtsein der Urtiere" im Gegensatze zu dem „reflektierenden Bewußtsein der höheren Tiere" spricht, das Vorstellen meinen, da nur dieses „intuitiv" oder „reflektierend" sein kann, während es doch nur eine Art von Bewußtsein gibt. Eine besondere arge Verwirrung herrscht bezüglich des Bewußtseins in der sonst so scharfsinnigen „Sprachkritik" von Mauthner; bald ist es „die Seele selbst",[2]) bald Erinnerung und Gedächtnis,[3]) obwohl anderweit auch von einem „unbewußten Gedächtnisse" gesprochen wird,[4]) so daß also schließlich das Bewußtsein in der Bewußtlosigkeit besteht! Aber selbst Wilhelm Wundt bleibt, wie mir scheint, mit seinem „Bewußtsein" ganz im bloßen Vorstellen stecken. Denn, wenn er sagt:

> „Das Bewußtsein ist überhaupt gar nichts, was von den Vorgängen, deren wir uns bewußt sind, unterschieden werden könnte; alle Versuche, das Bewußtsein als eine besondere geistige Tatsache neben den psychischen Erlebnissen zu definieren, sind vergeblich. — Unterscheiden wie Beobachten sind Vorgänge, die das Bewußtsein voraussetzen. Das Bewußtsein ist kein geistiger Vorgang neben anderen, sondern es ist lediglich die Summe der in einem gegebenen Augenblick vorhandenen psychischen Vorgänge". —[5])

so trifft jeder dieser Sätze nicht auf das Bewußtsein, als eine besondere Art des Vorstellens zu, sondern nur

[1]) „Naturgeheimnis", Leipzig 1905, S. 171 ff.

[2]) Fritz Mauthner, „Beiträge zu einer Kritik der Sprache", Stuttgart 1901, Bd. I S. 575.

[3]) Ebendas. S. 415 ff., 453, 562, 505.

[4]) Ebendas. S. 542, 569.

[5]) a. a. O. 256 ff.

auf das Vorstellen selbst, oder auf die „Seele“, als eine Summe von Vorstellungen, wie Wundt selbst das „Wesen der Seele“ erklärt, freilich mit dem unzutreffenden Zusatze, daß diese auf das Bewußtsein beschränkt sei, als ob es keine unbewußten Vorstellungen gäbe.[1]) — Endlich wendet, um noch ein neuestes Werk zu nennen, Herr Dr. Lucas das Wort „Bewußtsein“ äußerst willkürlich und widerspruchsvoll an. In seinem sehr inhaltreichen Buche „Psychologie der niedersten Tiere“[2]) erklärt Herr Dr. Lucas, daß die Reflexhandlungen „ohne psychische Veranlassung“ zustande kämen, während er einige Seiten später[3]) von „Bewußtsein“ bei diesen Vorgängen spricht; aber abgesehen von diesem augenscheinlichen Widerspruche, ist offenbar beides unzutreffend. Denn „ohne psychische Veranlassung“, d. h. ohne Vorstellen, kann überhaupt keine Handlung eines Tieres zustande kommen, da das Gegenteil hiervon nicht, wie Herrn Dr. Lucas offenbar vorschwebt, Unbewußtheit, sondern Vorstellungslosigkeit, d. h. Leblosigkeit, ist; denn Leben bedeutet Vorstellen. Ebenso darf unter keinen Umständen bei den sogenannten Reflexbewegungen von einer Mitwirkung des Bewußtseins gesprochen werden, da ihre Unbewußtheit gerade das allerwesentlichste Merkmal dieser Vorgänge ist, wie wohl nirgends bezweifelt wird. Wenn Herr Dr. Lucas endlich an einer anderen Stelle[4]) bemerkt:

> „Die Reflexbewegungen entstehen dadurch, daß ein äußerer Reiz ohne Willensakt eine Bewegung verursacht. Die Bewegungen werden eingeteilt in will-

[1]) a. a. O. S. 534 ff.

[2]) Wien u. Leipzig, 1905. S. 13.

[3]) S. 16.

[4]) Ebendas. S. 8.

kürliche und unwillkürliche, je nachdem sie durch einen bestimmten Willensentschluß veranlaßt werden, oder nicht" —,

so verwechselt er hier das Wollen mit dem Bewußtsein, da es ein Handeln zwar ohne dieses, nicht aber ohne Wollen gibt. Das Merkmal einer „willkürlichen" Bewegung ist daher nicht, wie Herr Dr. Lucas bemerkt, das Wollen, sondern das Bewußtsein; dies ist der allgemeine wissenschaftliche Sprachgebrauch, z. B. auch bei Schopenhauer, welcher die Willkür als den „durch bewußte Gehirnvorstellungen vermittelten Willen" den unbewußten Reizen gegenüberstellt.[1])

Es bedarf keiner Ausführung, wie verhängnisvoll diese Verwirrung in der Anwendung des „Bewußtseins" die Beschreibung und Erklärung aller seelischen Vorgänge beeinflussen muß; die wenigen Belege, welche ich hierfür soeben beibrachte, können zahlreich vermehrt werden. Da wir aber die Vorstellungen der Tiere nur sehr schwer, teils aus ihren stummen Handlungen, teils durch Schlußfolgerungen aus den entsprechenden Vorgängen im menschlichen Vorstellen, erforschen können, so wird auf beiden Wegen ein Erfolg nur zu erhoffen sein, wenn die einzelnen Seelenvorgänge zunächst theoretisch völlig klar erfaßt und begrenzt sind. Wie wollen wir beispielsweise jemals entscheiden, ob ein bestimmtes Tier fähig ist, nach Zwecken zu handeln, wenn nicht vorher die Bedeutung des Bewußtseins, welches doch die Voraussetzung jeder Zweckverfolgung ist, so sicher feststeht, daß dieses in keinem Falle mit anderen Vorstellungsvorgängen verwechselt werden kann? Wenn aber sogar in einem bestimmten Werke dasselbe Wort in verschiedener Bedeutung angewendet wird,

[1]) „Natur" S. 25. Vgl. auch „Welt" Bd. II S. 291.

so entsteht offenbar eine Rechnung mit unbekannten Größen, welcher selbst das reichste Wissen nicht zur Klarheit verhelfen kann.

Aber was bedeutet nun in Wahrheit das „Bewußtsein?“ Die Antwort ist von so großer Einfachheit, daß das Schwanken in seiner Auffassung sehr überraschen muß: Das Bewußtsein besteht in der Tatsache, daß eine Vorstellung von ihrem Träger wahrgenommen und erkannt worden ist. Denn „bewußt sein“ kann nichts anderes bedeuten, als „gewußt werden“, und hierzu gehört Wahrnehmung und Erkenntnis des Gegenstandes.[1]) In der oft besonders ausdrucksvollen Sprache des Volkes ist es daher durchaus gebräuchlich, auf eine Frage statt „das weiß ich nicht“, zu antworten: „das ist mir nicht bewußt“. Diese Ausdrucksweise ist außerordentlich zutreffend, weil sie das Bewußtsein zu einer Eigenschaft des Gegenstandes stempelt, während die Sprache der Wissenschaft daraus ganz verkehrt eine solche des Subjekts gemacht hat, um dessen Wissen von einer Sache es sich handelt. Denn es ist allgemein üblich, zu fragen, ob ein Tier „Bewußtsein hat“, statt zu fragen, ob seine Vorstellungen solches haben, d. h. ob sie von ihm gewußt werden können. Aber dieser verkehrten Ausdrucksweise bedienen sich, so viel mir bekannt ist, sämtliche Schriftsteller ohne eine einzige Ausnahme. Man würde diese Ungenauigkeit entschuldigen und als eine bequeme Abkürzung in den Kauf nehmen können, wenn sie nicht für die ganze Auffassung der Vorstellungsvorgänge verhängnisvoll wäre und die richtige Erklärung des so ungeheuer wichtigen Begriffes vom Bewußtsein durchaus verhinderte. Sobald

[1]) Auch rein sprachlich stammt „Wissen“ von „Sehen“ („Vid“) ab; vgl. Fr. Mauthner a. a. O. Bd. II S. 267.

man dagegen dieses, so einfache und unzweideutige, Wort in seinem unmittelbaren Sinne, also als „Gewußtwerden", auffaßt, und sodann auf die Vorstellungen der Tiere anwendet, ist wenigstens über den Begriff selbst volle Klarheit geschaffen. Zu sagen, ein Tier „besitze" Bewußtsein, ist daher genau so verkehrt, wie es beispielsweise sein würde, zu sagen, es besitze Gesehenwerden oder Gehörtwerden, statt, es sei *fähig*, zu sehen oder zu hören; wie die Tatsache des Gesehen- oder Gehörtwerdens nur bestimmten Gegenständen oder Erscheinungen, so kann diejenige des Bewußtseins nur bestimmten *Vorstellungen* zukommen und daher nicht dem Subjekt selbst beigelegt werden.

Aus dieser Begriffsfeststellung ergeben sich mehrere wichtige Folgerungen:

1. Das Bewußtsein ist nicht, wie es nach der gebräuchlichen Sprachweise scheint, eine Eigenschaft oder Fähigkeit von *Tieren*, sondern ein tatsächlicher Zustand tierischer *Vorstellungen*; mit Recht spricht man daher nicht von „bewußten Tieren"; sondern von deren „bewußten *Vorstellungen*". Da dieser Zustand nicht schon bei den Vorstellungen niederster Tiere, sondern, gleich so vielen anderen Lebensvorgängen, wie z. B. Atmen, Laufen oder Fliegen, erst auf deren höheren Stufen eintritt, so ist auch die Fähigkeit zum Bewußtsein von Vorstellungen erst eine später erworbene, durch natürliche Entwicklung entstandene, Eigenschaft dieser Tiere. Wenn daher Schopenhauer bemerkt:[1])

„Die Vorstellung ist die erste Tat des Bewußtseins", so muß dieser, so bestechend klingende, Satz als grundfalsch bezeichnet werden; denn, da zuerst das Vorstellen, und viel

[1]) „Welt" Bd. I S. 40.

später das Bewußtsein, entstanden ist, so könnte man höchstens umgekehrt sagen: „das Bewußtsein ist eine Tat des Vorstellens“, wenn man, etwas frei, die rein ursächliche Entwicklung des ersteren als eine „Tat“ bezeichnen will.

2. Da die Tatsache seines Gewußtwerdens offenbar weder das Dasein, noch das Wesen eines Gegenstandes berühren kann, so wird auch das Vorhandensein und der Inhalt von tierischen Vorstellungen nicht durch die Tatsache beeinflußt, daß sie ihrem Träger bewußt, oder nicht bewußt sind Diese Tatsache betrifft daher gewissermaßen nur die Erscheinungsform von Vorstellungen, während sie mit ganz demselben Inhalte vorhanden sein können, ohne ihrem Träger bewußt zu werden. Infolgedessen kann auch eine bestimmte Handlung bei Tieren in beiden Fällen so gleichartig ausfallen, daß man es ihr nicht ansehen kann ob sie aus unbewußtem oder bewußtem Vorstellen entsprungen ist. Wenn sich beispielweise ein niederstes Tier, etwa eine Meduse, auf einen Lichtstrahl zu bewegt, so erklären wir dies mit Recht als eine unbewußte Reizhandlung, weil wir, aus später zu erörternden Gründen, wissen, daß dieses Tier zu bewußtem Vorstellen unfähig ist. Wenn dagegen ganz dieselbe Handlung von einem Schmetterlinge ausgeführt wird, so geschieht dies möglicherweise mit Bewußtsein, weil er die Fähigkeit hierzu besitzt; ob diese jedoch in diesem Falle in Tätigkeit war, können wir auch seiner Bewegung nicht ansehen, sondern nur allenfalls aus anderen Umständen beurteilen, von welchem später die Rede sein wird. Da also Vorstellungen in ganz gleicher Gestalt ohne und mit Bewußtsein zum Ausdrucke gelangen, so muß dieses deren Wesen gänzlich unberührt lassen. Wie daher die Gegenstände und Vorgänge im Raume nicht aufhören, vorhanden zu sein, auch, wenn sie nicht vom Licht getroffen und hierdurch sichtbar

werden, so gehört es auch nicht zum Wesen tierischer Vorstellungen, daß sie vom Bewußtsein erfaßt werden, sondern ihr Dasein ist hiervon ganz unabhängig. Von dieser außerordentlich wichtigen, aber meist verkannten, Tatsache werde ich in meinen späteren Ausführungen vielfachen Gebrauch machen. Sie erhält eine deutliche Bestätigung durch die Zustände des Schlafens und Träumens. Denn durch den Schlaf wird nicht das Vorstellen, sondern nur das Bewußtsein der Vorstellungen, unterbrochen; da Vorstellen und Leben ein und dasselbe sind, so erlischt auch das Vorstellen nur mit dem Leben, also durch den Tod. Aber die während des Schlafes vorhandenen Vorstellungen werden dem Schläfer nicht bewußt, sondern erst beim Erwachen, oder während des Überganges hierzu, kehrt das Bewußtsein zurück und fällt dann auf diejenigen Vorstellungen, welche gerade dann ihr Spiel treiben. Diese letzten Schlafvorstellungen nennen wir Träume, welche daher sicherlich nicht zur Zeit festen Schlafes, sondern nur bei dessen, wenn auch nur vorübergehender, Störung eintreten, weil nur hierdurch das entschwundene Bewußtsein, wenn auch nicht in seiner vollen Klarheit, zurückgerufen wird. Daher dürfte die volkstümliche Annahme, daß sehr fester Schlaf, im Verein mit sehr plötzlichem Erwachen, überhaupt ohne Träume bleibt, sicher richtig sein. Treffend ist es daher auch, von „tiefem" Schlafe zu sprechen; wie „tiefe Finsternis" weit von dem Lichte, so ist dieser weit von dem Bewußtsein entfernt, welches so sehr dem Lichte gleicht. Daher kommt es auch, daß ein in Wirklichkeit nur wenige Sekunden dauernder Traum zahlreiche Ereignisse umfassen kann. Daß viele Tiere, namentlich Vögel, Hunde, Elefanten und Affen, im Schlafe träumen und dies durch entsprechende Bewegungen und Laute bekunden, ist bekannt.

3. Das Bewußtsein ist nicht nur ein unwesentlicher, sondern auch ein äußerlich nicht erkennbarer Zustand von Vorstellungen. Denn, wie ich bereits soeben hervorgehoben habe, gibt es kein äußeres Merkmal einer Handlung, welches dem Beobachter zeigen könnte, ob diese mit oder ohne Bewußtsein vollführt worden ist. Aus den sichtbaren Handlungen der Tiere können wir vielmehr nur den Inhalt der entsprechenden Willensvorstellungen, und aus ihren Gefühlsausdrücken die Art ihrer Gefühle, erkennen, während nichts von allem, was hierbei sichtbar wird, verrät, ob der Beobachter ein bewußtes oder unbewußtes Handeln vor sich hat. Nicht einmal bei menschlichen Handlungen ist dies ohne weiteres ersichtlich; denn wenn jemand irgend eine Gewohnheitshandlung verrichtet, beispielsweise seine Uhr aufzieht oder einen täglich regelmäßig eingeschlagenen Weg verfolgt, so kann ein Beobachter diesen Handlungen unmöglich ansehen, ob sie bewußt oder unbewußt vollführt wurden, weil sie in beiden Fällen ganz gleich ausfallen. Hieraus folgt, daß wir auch die Fähigkeit bestimmter Tiere zu bewußtem Vorstellen und Handeln nicht durch bloße Beobachtung ihrer Handlungen und Gefühlsausdrücke erforschen können, sondern hierzu weiterer, von diesen sichtbaren Erscheinungen nicht unmittelbar abhängiger, Schlußfolgerungen bedürfen. Beispielsweise wird die allgemeine Gleichförmigkeit bestimmter Handlungen auf deren Unbewußtheit schließen lassen; wenn daher ein Tier ausschließlich solche Handlungen vollführt, so werden wir annehmen dürfen, daß es zu Abweichungen hiervon, welche die Fähigkeit zur Wahl voraussetzen würden, nicht fähig ist. Umgekehrt folgt aus der sichtbaren Berücksichtigung besonderer und wechselnder äußerer Umstände, daß ein hiervon Gebrauch machendes Tier zu abgeleiteten Vorstellungen, also zu bewußtem Handeln, fähig ist.

Wenn dieses Tier beispielsweise einer gegenwärtigen Gefahr gegenüber sich in einem Falle verbirgt, in einem anderen zur Gegenwehr schreitet, in einem dritten aber schnellste Flucht ergreift, und, wenn es diese Wahl stets höchst sachgemäß den besonderen Umständen anpaßt, so kann es alle zu dieser Überlegung und Entschließung erforderlichen Vorstellungen nicht dem bloßen Anblick seines Feindes entnommen, sondern nur durch abgeleitetes Vorstellen erlangt haben, aus welchem sich seine Bewußtseinsfähigkeit mit Sicherheit ergibt.

4. Das Bewußtwerden einer Vorstellung hat nämlich stets die unmittelbare Folge, daß diese nunmehr sofort neue Vorstellungen gebiert, welche die innere Bedeutung der wahrgenommenen Vorgänge enthalten. Nur durch diese Wirkung wurde das Bewußtsein von Vorstellungen nützlich für die Erhaltung des Lebens und dadurch der Entwicklung durch Auslese und Anpassung unterworfen. Denn es bedarf keiner Ausführung, ein wie ungeheures Übergewicht einem Tier die Fähigkeit, seine Sinneswahrnehmungen zu begreifen und deren Bedeutung für sein Leben zu erfassen, vor allen anderen seiner Art verschaffen mußte. Erst hiermit trat die eigentliche Zweckmäßigkeit in das Leben der Tiere ein, indem bewußte Auswahl nützlicher Handlungen möglich wurde. Es war daher selbstverständlich, daß die überall wirksamen Entwicklungsgesetze sich dieser vervollkommneten Vorstellungsweise bemächtigen und sie immer weiter ausdehnen und ausbilden mußten. Wenn wir trotzdem sehen, daß gegenwärtig gerade die wichtigsten Lebenstriebe, welche der Erhaltung des Lebens und der Fortpflanzung dienen, wesentlich unbewußt eintreten, so beruht dies auf dem Zurücktreten des Bewußtseins bei einzelnen Handlungen infolge Herausbildung einer Gewohnheit. Es ist bekannt, daß dieser

Vorgang neben der natürlichen Auslese eine sehr wichtige, vielleicht sogar die wichtigere, Quelle der verwickelteren Instinkte bei den höheren Tieren bildet, wovon später noch ausführlich die Rede sein wird.

5. Da es an einem feststehenden Sprachgebrauche für das Verhältnis zwischen den Gefühlen und Empfindungen der Tiere fehlt, habe ich oben vorgeschlagen, die abgeleiteten, also erst durch bewußtes Vorstellen entstandenen, Gefühle als Empfindungen zu bezeichnen, und das Wort „Gefühl“ auf die unmittelbar durch Sinneswahrnehmungen empfangenen Gefühlsvorstellungen zu beschränken. Wenn dieser Sprachgebrauch festgehalten wird, so ergibt sich, daß eine Empfindung nur bewußt, ein Gefühl auch unbewußt bei einem Tier vorhanden sein kann. Wenn wir die gleichen Vorgänge bei uns selbst beobachten, so werden wir dies bestätigt finden. Denn wir wissen beispielsweise, daß wir die Empfindungen der Furcht, Sehnsucht, Reue oder Scham nicht ohne bewußtes Vorstellen eines bestimmtes Vorganges oder Gegenstandes haben können, während sich die rein sinnlichen Gefühlseindrücke der Berührung oder der Wärme und Kälte, des Raumes oder der Schwere, gleich den Eindrücken in unserem Auge oder Ohr, auch als unbewußte Vorstellungen einfinden können. Wie wir fortwährend vieles sehen und hören, ohne, daß uns diese Eindrücke bewußt werden, so können wir z. B. eine Berührung fühlen, ohne, daß sie uns bewußt wird. Dies geschieht bei allen diesen Sinneswahrnehmungen oft erst, wenn sie aufhören; ihr Aufhören aber würde uns nicht bewußt werden können, wenn sie nicht vorhanden gewesen wären. Wenn beispielsweise jemand eingeschlafen ist, während ihm vorgelesen wurde, oder während seine Hand einen beliebigen Gegenstand, etwa ein Buch, festhielt, so wird er ohne Zweifel erwachen, wenn man das

Lesen einstellt, oder das Buch wegnimmt, ein deutlicher Beweis, daß der Betreffende in dem unbewußten Zustande des Schlafes hörte und fühlte, da er andernfalls nicht den Wegfall dieser Eindrücke bemerken könnte; aber, während sie während des Schlafes nur unbewußt vorhanden sein konnten, wurden sie durch das Aufhören und das hierdurch herbeigeführte Erwachen plötzlich bewußt, obwohl nur als bereits vergangene Erscheinungen. Man wird sie alsdann im ersten Augenblicke kaum von einem Traume unterscheiden können, wodurch meine obige Erklärung des Träumens, als Störung der Unbewußtheit oder Aufdämmern des Bewußtseins, eine deutliche Bestätigung erlangt.

Eine ganz besondere Stellung nehmen innerhalb des tierischen Vorstellens die Empfindungen von Lust und Unlust ein, indem sie nicht, wie alle anderen Empfindungen einen selbständigen Inhalt von Vorstellungen bilden, sondern nur verschiedene Formen des Bewußtseins sind. Zu diesem gehören sie so untrennbar, daß es weder bewußtes Vorstellen ohne sie, noch Lust und Unlust ohne Bewußtsein hiervon gibt. Denn jede bewußte Vorstellung ist, wie wir von uns selbst wissen, angenehm oder unangenehm, wenn auch nur in sehr geringem Maße, und daß diese Empfindungen nicht unbewußt vorkommen können, wird man erkennen, wenn man an eine recht lebhafte Freude oder an einen heftigen Schmerz denkt. Diese Empfindungen gehören daher nicht zum Inhalte von Vorstellungen, sondern sie bilden die Form, in welcher diese bewußt werden; ja man könnte sie geradezu Bestandteile des Bewußtseins nennen. Sie wachsen daher mit dessen Klarheit und Stärke, d. h. sie werden um so lebhafter und heftiger, je klarer das Bewußtsein die von ihm ergriffenen Vorstellungen beherrscht. Diese, für die geistige

Entwicklung der Tiere äußerst wichtige, Tatsache bestätigt auch Schopenhauer mit folgenden Sätzen:

„Die Klarheit der Intelligenz erhöht, mittels der lebhafteren Auffassung der äußeren Umstände, die durch diese hervorgerufenen Affekte. Daher z. B. lassen junge Kälber sich ruhig auf einen Wagen packen oder fortschleppen; junge Löwen aber, wenn nur von der Mutter getrennt, bleiben fortwährend unruhig und brüllen unablässig; Kinder in einer solchen Lage würden sich fast zu Tode schreien und quälen. Die Lebhaftigkeit des Affen steht mit seiner schon sehr entwickelten Intelligenz in genauer Verbindung. Auf eben diesem Wechselverhältnis beruht es, daß der Mensch überhaupt viel größerer Leiden fähig ist, als das Tier; aber auch größerer Freudigkeit in den befriedigten und frohen Affekten. Je höher gesteigert das Bewußtsein ist, desto deutlicher und zusammenhängender die Gedanken, desto klarer die Anschauungen, desto inniger die Empfindungen. Dadurch gewinnt alles mehr Tiefe: Die Rührung, die Wehmut, die Freude und der Schmerz." [1])

Wenn hiernach Lust und Schmerz, als die beiden Pole des Bewußtseins, gleichzeitig mit dessen Vollkommenheit gesteigert werden, so liefert diese Tatsache einen gewissen Ausgleich zwischen den anscheinend so vielfach verschiedenen Glückssummen einzelner Arten von Tieren und aller gegenüber dem Menschen, sowie auch innerhalb der Menschheit.

Was endlich die Möglichkeit von Lust und Unlust anbelangt, so ist hierfür eine Erklärung ebensowenig zu erbringen, wie für die Entstehung des Vorstellens. Da-

---

[1]) „Welt" Bd. II S. 317. Ähnlich Bd. I S. 352ff., sowie Parerga Bd. II S. 317ff.

gegen ist die geschichtliche Entwicklung dieser Empfindungen leicht zu begreifen. Denn, wie das Bewußtwerden von Vorstellungen, vermöge der hierdurch geschaffenen Möglichkeit zweckmäßigen Handelns, als eine nützliche Waffe im Kampfe ums Dasein entstanden und durch Auslese, Anpassung und Vererbung zu immer größerer Vollkommenheit entwickelt worden ist, so muß eine natürliche Auslese derjenigen Handlungen Platz gegriffen haben, welche zugleich nützlich und angenehm für die Tiere waren. Denn jedes Tier wird stets geneigt gewesen sein, eine Tätigkeit, welche ihm Lust bereitete, beizubehalten und zu wiederholen, dagegen eine solche, welche ihm Schmerz verursachte, aufzugeben und zu vermeiden; hierdurch mußten unter den nützlichen Handlungen die zugleich angenehmen dauernd bevorzugt und durch natürliche Auslese allein dauernd beibehalten werden.[1]) Auf diese Weise gelangten unter den nützlichen Handlungen nur die angenehmen, und unter den angenehmen nur die nützlichen zu dauernder Vererbung. Denn Tiere, welche regelmäßig das Lustgefühl bei bestimmten Handlungen ihrem Nutzen vorgezogen und solche, trotz schädlicher Folgen, beibehalten hätten, konnten nicht dauernd bestehen, während offenbar diejenigen die meiste Aussicht hierzu haben mußten, welche nur die ihnen zugleich nützlichen angenehmen Handlungen dauernd bevorzugten. So entstand die allgemeine Tatsache, daß jede Nutzhandlung, d. h. jede der Erhaltung des Lebens durch Ernährung und Fortpflanzung dienende Tätigkeit der Tiere, von starken Lustgefühlen begleitet ist, welche nun die beste Bürgschaft für die dauernde Ausübung dieser Handlungen bilden, weil sie im bewußten Vorstellen der Tiere zum Selbstzweck geworden sind; denn offenbar denken diese

---

[1]) Vgl. Romanes, „Geistige Entwicklung" S. 112 ff.

bei der Nahrungssuche nicht an die Erhaltung ihres Lebens und beim Streben nach Begattung nicht an Nachkommen, sondern in beiden Fällen ausschließlich an die hierbei zu erwartenden Lustgefühle. Wo das Bewußtsein dieser Vorstellungen noch nicht eintreten kann, also bei niedersten Tieren, und bei allen jungen Tieren, genügt die Macht der angeborenen Instinkte, auch ohne Hinzutritt jener bewußten Vorstellungen, um die dauernde Ausübung dieser Handlungen zu sichern.

Nach dem bisher über die Bedeutung des Bewußtseins Gesagten sind daher dessen wesentliche Merkmale folgende: Es ist

1. nicht eine bestimmte Fähigkeit von Tieren, sondern ein bestimmter Zustand ihres Vorstellens;

2. nicht eine wesentliche, ihren Inhalt beeinflussende Eigenschaft, sondern nur eine dauernd wechselnde Erscheinungsform tierischer Vorstellungen, welche nach dem Entwicklungsgesetz entstanden ist;

3. aus den sichtbaren Handlungen der Tiere nicht erkennbar;

4. stets mit abgeleitetem Denken, und daher mit der Verfolgung nützlicher Zwecke, verbunden;

5. im Gefühlsleben der Tiere als „Empfindung" auftretend, und als solche stets mit Lust oder Schmerz verbunden.

Gegenüber dieser so einfachen und, wie ich hoffe, überall folgerichtigen Erklärung des Bewußtseins ist es auffallend, wie allgemein dieses verkannt wird, wenn man es bald dem Vorstellen selbst, bald dem abgeleiteten Denken, bald den Empfindungen, ja sogar dem Wollen gleichstellt. Ich habe oben einige Beispiele hierfür angeführt; aber viel schlimmere Verwirrung herrscht in dieser Hinsicht in dem bekannten Werke Ed. v. Hartmanns. Dieser hat sich zwei selbständige Mächte geschaffen:

1. „Das Unbewußte“, welches „allwissend und allweise“ ist,[1]) obwohl es anderweit „erkenntnislos“ genannt wird;

2. „das Bewußtsein“, welches „der Zweck des tierischen Lebens“, ja sogar derjenige der Welt, ist.[2]) Die alleinige Tätigkeit des „Unbewußten“ besteht im Wollen;[3]) trotzdem ist es „Zweck und Mittel in eins denkend“. Von diesem „allwissenden Unbewußten“ ist das Bewußtsein „geschaffen worden, um den Willen von der Unseligkeit seines Wollens zu erlösen“; das Bewußtsein ist daher „das letzte Mittel für den Endzweck des Weltprozesses“,[5]) und das „Prinzip der praktischen Philosophie besteht darin, die Zwecke des Unbewußten zu Zwecken seines[6]) Bewußtseins zu machen;[7]) aber es ist für das Bewußtsein unmöglich, das Unbewußte zu begreifen“.[8]) Wen schaudert es nicht bei diesen Sätzen?

Die neue Naturwissenschaft muß zwar auch den metaphysischen „Willen“ Schopenhauers ablehnen; aber wie erhaben steht trotzdem die Lehre dieses großen Denkers, dessen Spuren übrigens der Kenner fast auf jeder Seite des Hartmannschen Buches entdeckt, über dieser Lehre vom „Unbewußten“, dieser Gottheit, deren ganzes Wesen darin besteht, daß sie etwas nicht ist. Da eine bloße Verneinung 0 ergibt, und 0 gleich 0 ist, so würde jede beliebige andere Verneinung dasselbe bedeuten, und der hochtrabende Titel dieses Buches könnte ebensogut lauten

---

[1]) „Philosophie des Unbewußten“ S. 617 ff.

[2]) Ebendas. S. 379 ff.

[3]) Ebendas. S. 164, 242.

[4]) Ebendas. S. 385.

[5]) Ebendas. S. 742.

[6]) Wessen? Man beachte neben der Mystik der Gedanken die Unklarheit der Sprechweise in diesem ganzen Abschnitt (C. XIII).

[7]) Ebendas. S. 748.

[8]) Ebendas. S. 375.

„Philosophie des Unsichtbaren“, oder „des Unbekannten“, oder des „Nichtvorhandenen“. Aber, obwohl das große „Unbewußte“ Hartmanns die Welt beherrschen soll, bemerkt dieser: „Das Erzeugen von Vorstellungen ist dem bewußten Willen unterworfen“;[1]) dann entstehen also auch die unbewußten Vorstellungen aus dem bewußten Willen? Offenbar verhält es sich doch gerade umgekehrt, indem die Unbewußtheit das Ursprüngliche und das Bewußtsein erst eine viel später in diesem entstandene Steigerung des Vorstellens ist. Das Folgende wird, wie ich hoffe, auf das Wesen des unbewußten Vorstellens ein deutlicheres Licht werfen, als das mystische und metaphysische „Unbewußte“ Hartmanns dies zu tun vermag.

2. Die unbewußten Vorstellungen.

Da wir das Bewußtsein als einen unwesentlichen und wechselnden Zustand von Vorstellungen kennen gelernt haben, so bedarf es keines Nachweises mehr, daß solche, unbeschadet ihres Inhaltes, vorhanden sein können, auch ohne ihrem Träger bewußt zu werden. Wir gewöhnen uns so schwer an diesen Gedanken, weil das Wort „Vorstellung“ auf Bewußtsein hinzuweisen scheint; da uns aber für die unbewußten Vorgänge im Fühlen und Denken ein selbständiges anderes Wort nicht zur Verfügung steht, so bleibt nichts übrig, als auch hierfür das Wort „Vorstellungen“ anzuwenden, und daher hierunter diejenigen Vorstellungen der Tiere zu verstehen, von welchen diese nichts wissen, weil sie sie nicht wahrnehmen. Diese Erklärung ergibt sich von selbst aus der obigen Beschreibung des Bewußtseins, während die Auffassung, daß dieses

[1]) „Philosophie des Unbewußten“ S. 357.

eine besondere Geistesfähigkeit, und als solche dem Vorstellen selbst wesentlich gleichzustellen sei, für die unbewußten Vorstellungen überhaupt keinen Raum übrig läßt, geschweige denn, daß sie irgend eine Erklärung für sie liefern könnte. Diese Verwechslung des Bewußtseins mit dem bloßen Vorstellen war jedenfalls auch der Grund, weshalb die ältere Philosophie die Möglichkeit unbewußten Vorstellens überhaupt in Abrede stellt, und erst Leibniz, Kant und Schopenhauer es wagten, diese ausdrücklich, wenn auch nicht in voller Schärfe, anzuerkennen. Dagegen ergibt sich das Wesen und die Bedeutung der unbewußten Vorstellungen aus der obigen Erklärung des Bewußtseins so deutlich, daß dem Vorstehenden wenig hinzuzufügen bleibt. Denn, wenn das Bewußtsein

1. ein tatsächlicher Zustand von Vorstellungen ist, so kann auch sein Fehlen, also die Unbewußtheit von Vorstellungen, nichts anderes sein. Wenn wir ferner

2. gesehen haben, daß das Bewußtwerden von Vorstellungen mit deren Inhalte nur dann etwas zu tun hat, wenn sie selbst unmittelbar durch bewußtes Vorstellen erzeugt worden sind, so müssen alle anderen Arten von Vorstellungen auch ohne Bewußtsein vorhanden sein können. Wenn man es

3. der Handlung oder dem Gefühlsausdruck eines Tieres nicht ansehen kann, ob ihnen bewußtes oder nur unbewußtes Vorstellen zugrunde gelegen hat, so zeigt diese äußere Unsichtbarkeit des Bewußtseins, daß auch unbewußte Vorstellungen imstande sind, Handlungen zu erzeugen, welche den bewußten äußerlich ganz gleichartig sind. Wenn dagegen

4. Vorstellungen dadurch, daß sie einem Tier bewußt werden, zu Quelle neuer (abgeleiteter) Vorstellungen werden, muß diese Folge des Bewußtseins dem unbe-

wußten Vorstellen natürlich abgehen, und gibt es daher im gesamten unbewußten Handeln kein Vorstellen von Zwecken, und zwar nützliche, aber keine zweckmäßigen Handlungen.

5. Da die Empfindungen erst durch abgeleitetes Denken entstehen, und insbesondere Lust und Schmerz sogar nur besondere Formen des Bewußtseins sind, so können diese im unbewußten Vorstellen überhaupt nicht vorkommen.

Aber so sicher, wie ein körperlicher Gegenstand im Raume zunächst ungesehen vorhanden sein muß, ehe er wahrgenommen werden kann, muß auch jede Vorstellung, ehe sie ihrem Träger bewußt werden kann, zunächst unbewußt vorhanden sein, mag der zeitliche Zwischenraum zwischen dem Entstehen einer Vorstellung und ihrem Bewußtwerden auch oft ein verschwindend kleiner, und natürlich stets völlig unmeßbarer, sein. Der ursprüngliche Zustand alles Vorstellens ist daher die Unbewußtheit, in welcher die Bewußtseinsfähigkeit erst nach dem Entwicklungsgesetze, als ein nützliches Werkzeug im Kampfe ums Dasein, entstanden ist; diese fehlt daher den Urtieren, wie auch gegenwärtig noch den niedersten Tieren. Diese Tatsache spricht auch Schopenhauer aus, obwohl er auf einem ganz anderen Wege dazu gelangt:

> „Bewußtlosigkeit ist der ursprüngliche und natürliche Zustand aller Dinge, mithin auch die Basis, aus welcher, in einzelnen Arten der Wesen, das Bewußtsein, als die höchste Effloreszenz derselben, hervorgeht, weshalb auch jene immer noch obwaltet. Demgemäß sind die meisten Wesen ohne Bewußtsein; sie wirken dennoch nach den Gesetzen ihrer Natur.“ [1])

[1]) „Welt“ Bd. II S. 150. Vergl. auch „Natur“ S. 29.

In der Tat ist nichts so geeignet, die Möglichkeit und Wirklichkeit unbewußten Vorstellens außer Zweifel zu stellen, wie der Hinweis darauf, daß es während unendlich langer Zeiträume allein das gesamte Leben auf der Erde beherrscht und geleitet hat, während die höhere Fähigkeit des Bewußtseins noch nicht entstanden war. Als dies endlich geschah, war bereits ein reiches Vorstellungsleben durch Sinneswahrnehmungen entwickelt worden, in welches nun das Bewußtsein eintrat, wie Licht auf bisher unbeleuchtete Gegenstände fällt; wie das Licht diese nicht schaffen, sondern nur sichtbar machen kann, so mußten auch Vorstellungen bereits vorhanden sein, um bewußt werden zu können. Unbewußtheit ist daher die Urform alles Vorstellens und Handelns, jenseits deren es überhaupt nicht mehr Vorstellen und daher Leben, sondern nur noch die Kraft leblosen Stoffes gibt, welche freilich im letzten Grunde von den Erscheinungen des Lebens nicht scharf zu unterscheiden, und ja auch entwicklungsgeschichtlich in derselben Weise die Vorstufe des Lebens oder Vorstellens bildet, wie das unbewußte Vorstellen diejenige des Bewußtseins. Wie unüberbrückbar daher auch die Gegensätze zwischen leblosem Stoffe und Vorstellen, sowie zwischen unbewußtem und bewußtem Vorstellen, scheinen mögen, so beweist uns doch schon der entwicklungsgeschichtliche Zusammenhang dieser Vorgänge, daß es auch einen inneren Zusammenhang zwischen ihnen geben muß. Wir müssen uns daher einerseits das bloße Vorstellen und andererseits das Bewußtsein auf einer möglichst tiefen Stufe, bezüglich ihrer Deutlichkeit und Klarheit, denken, um die Übergänge von den inneren Kräften des leblosen Stoffes zum unbewußten Vorstellen und von diesem zum Bewußtsein ihrer Möglichkeit nach zu begreifen.

Aus der Tatsache der späten und langsamen Entwicklung des Bewußtseins ergibt sich zugleich die ungeheure Macht und Bedeutung des unbewußten Vorstellens. Denn, als der erste schwache Schimmer bewußter Wahrnehmung im Gebiete des tierischen Vorstellens auftauchte, hatte bereits während unendlich langer Zeit das gänzlich unbewußte Vorstellen die Handlungen der Tierwelt gelenkt und deren Dasein erhalten. Auch war es inhaltvoll genug gewesen, um den ersten Funken des Bewußtseins aus sich selbst entspringen zu lassen; aber obwohl dieser sich allmählich zu dem hell strahlenden Lichte entwickelt hat, welches wir in der Geisteskraft der höchsten Tiere und des Menschen bewundern, so hat dieses doch sein Entstehungsgebiet, das unbewußte Vorstellen, keineswegs ganz ergriffen, sondern einen großen Vorstellungskreis dauernd im Dunkel der Unbewußtheit zurückgelassen. Dieser umfaßt sogar gerade die *wichtigsten* Lebenstriebe, weil deren Macht hier bereits zu fest gegründet war, um der hinfälligen Stütze des Bewußtseins zu bedürfen. Denn in der Tat gleicht das Bewußtsein einem „schwankenden Rohr, welches der Wind hin und her bewegt", oder einem flackernden Lichte, welches jeden Augenblick erlöschen kann. Daß dies auch wirklich *geschieht*, haben wir am *Schlaf* gesehen; aber, weit entfernt, das Vorstellen zu *unterbrechen*, oder gar zu *schädigen*, bringt er diesem Erholung und neue Kraft, und beweist hierdurch deutlich, wie unwesentlich das Bewußtsein für das Leben selbst ist. Wie sehr würde dieses auch in jedem Augenblicke gefährdet sein, wenn es anders wäre, indem die das Leben erhaltenden Grundvorstellungen nur an dem dünnen Faden des Bewußtseins hingen, statt unabhängig hiervon ununterbrochen ihr stilles Werk zu verrichten; denn wir werden sehen, daß die zu den Reiz- und Instinkthandlungen führenden Grundtriebe unbewußt für die Tiere entstehen, und sich fast überall siegreich gegen abweichende bewußte Zweckvorstellungen durchsetzen, selbst, wenn diese dem persönlichen Wohle des einzelnen Tieres besser dienen würden, als die blinde Betätigung jener angeborenen Triebe.

Bei welchen Handlungen von Tieren zum ersten Male bewußtes Vorstellen anzunehmen sein dürfte, werde ich später erörtern. Da aber, wie wir gesehen haben, das Bewußtsein von Vorstellungen nicht, gleich ihrem Inhalte, aus der Form ihrer Handlungen, sondern nur durch Schlußfolgerungen von dem menschlichen auf tierisches Vorstellen erkannt werden kann, so wird sich diese Entscheidung als recht schwierig, und sogar vielfach als unsicher erweisen; ihre Berechtigung kann jedoch bei der völligen Gleichartigkeit der Grundtatsachen im Vorstellungsvorgange bei Tier und Mensch keinem Zweifel unterliegen. Auch Wilhelm Wundt hebt sowohl diese Gleichartigkeit, wie die Notwendigkeit, die tierische Seelenkunde auf der menschlichen aufzubauen, hervor, so daß man

> „keinen Schritt in der psychologischen Analyse der tierischen Handlungen machen kann, ohne sich nach dem umzusehen was die experimentelle Analyse des menschlichen Bewußtseins geleistet hat".[1])

Die Entscheidung über die Tatsache des Bewußtseins bei einer bestimmten tierischen Handlung schließt aber nicht ohne weiteres diejenige über die Fähigkeit oder Unfähigkeit hierzu ein. Selbstverständlich beweist die nachweisbar bewußt vollführte Handlung eines Tieres dessen Bewußtseinsfähigkeit; dagegen folgt aus einer offenbar unbewußten Handlung nicht die Unfähigkeit des Tieres

[1]) „Vorlesungen über die Menschen- und Tierseele", Hamburg 1906, S. VIII.

zu bewußtem Handeln, da ja auch die hierzu fähigen Tiere zahlreiche unbewußte Handlungen vollbringen, sei es, aus angeborenen Trieben oder aus persönlichen Gewohnheiten. Aber auch inmitten solcher Handlungen werden dann vielfach Einzelhandlungen vollführt, über deren Bewußtheit, wegen ihrer augenscheinlichen besonderen Zweckmäßigkeit, kein Zweifel obwalten kann, und selbst, wo dies nicht der Fall ist, wird das Bewußtsein leicht durch irgend eine Störung in dem regelmäßigen Verhalten der äußeren Umgebung hervorgerufen werden. Vielleicht ist in diesem Vorgange sogar die erste Entstehung vom Bewußtsein zu erblicken, indem der starke Trieb der Selbsterhaltung durch überraschende Veränderungen der äußeren Umgebung zu einer so angespannten Erfassung etwa gefährlicher Umstände angeregt wurde, daß diese Steigerung des Vorstellens zu bewußter Wahrnehmung hinüberleitete. Es ist daher überaus treffend, wenn Darwin von einer dauernden „Kontrolle" solcher Handlungen durch bewußtes Urteil spricht.[1]) Ein sicheres Merkmal bewußten Handelns wird hierbei stets die Anpassung einer Handlung an die besonderen, nicht allgemein wiederkehrenden, äußeren Verhältnisse sein, da diese ohne ihr bewußtes Vorstellen offenbar nicht berücksichtigt werden können; das Gegenteil hiervon ist die ewige Gleichförmigkeit, welche wir namentlich bei den Reizhandlungen beobachten.

Wo die Fähigkeit zum Bewußtsein vorliegt, ist diesem keine Art von Vorstellungen unbedingt entzogen, d. h. jede Vorstellung, welche ein Tier überhaupt haben kann, ist an sich auch geeignet, ihm bewußt zu werden. Aber auch umgekehrt gibt es, mit alleiniger Ausnahme der Empfindungen, keine Art von Vorstellungen, deren Inhalt ihr

---

[1]) „Abstammung" S. 105.

Bewußtwerden erforderte, sondern jede Vorstellung kann, von jener Ausnahme abgesehen, auch unbewußt vorhanden sein; dies folgt ja ohne weiteres aus der oben wiederholt hervorgehobenen Tatsache, daß jede Vorstellung zunächst unbewußt vorhanden sein muß, ehe sie ihrem Träger bewußt werden kann. Selbst das abgeleitete, oder richtiger ableitende, Denken bildet keine Ausnahme von diesem Grundsatze, da es zwar durch bewußtes Vorstellen eingeleitet werden muß, demnächst aber gänzlich unbewußt erfolgen kann. Denn wir wissen von uns selbst, daß wir oft, ohne davon zu wissen, folgerichtig handeln, z. B. bei allen regelmäßigen Gewohnheitshandlungen, und sogar im Schlafe, wofür es ja viele bekannte Beispiele gibt.

Aus der natürlichen Entwicklung des Bewußtseins folgt, daß seine Klarheit und sein Umfang im Vorstellungskreise eines Tieres ebenso mannigfach verschieden sein müssen, wie die Bestimmtheit und der Umfang des Vorstellens selbst, und zwar sowohl zwischen den einzelnen Klassen und Arten der Tiere, wie, wenigstens bei den höheren Tieren, auch zwischen den einzelnen Individuen. Gewiß ist das Bewußtsein eine Tatsache, von welcher man daher aussagen kann, daß sie fehlt oder vorhanden ist; aber es kann so viele verschiedene Grade der Deutlichkeit und Klarheit besitzen, und der von ihm regelmäßig erfaßte Vorstellungskreis kann bei verschiedenen Tieren von so verschiedenem Umfange gegenüber deren dauernd unbewußten Vorstellungen sein, daß die niedrigsten und einfachsten Stufen des Bewußtseins unmerklich in den ewig gänzlich unbewußten Vorstellungen niederster Tiere verschwinden werden, gleich einer Linie, deren Anfang so fein ist, daß wir ihn kaum genau zu bezeichnen vermögen, während sie erst in ihrem weiteren, breiteren Verlaufe deutlich sichtbar wird. Hartmann bestreitet zwar, daß es verschiedene Grade des

Bewußtseins gebe;[1]) da dieses aber lediglich „gewußt werden" bedeutet, so kann es, gleich jedem Wissen, nach Klarheit, Sicherheit und Umfang außerordentlich verschieden sein. Auch die äußere Vervollkommnung der sichtbaren Vorstellungswerkzeuge weist deutlich auf die vielfache Abstufung der tierischen Geistesfähigkeiten hin; diese Entwicklung der „Seelenorgane", von der äußeren Zellschicht der Urtiere bis zu dem vielverzweigten Gehirne der höchsten Tiere und des Menschen, hat uns Altmeister Häckel in einem klassischen Bilde, welches die Hauptergebnisse der Abstammungslehre in sich vereint, im letzten Kapitel seiner Anthropogenie überaus anschaulich geschildert. Auch Schopenhauer weist auf diese allmähliche Entwicklung der Geistesfähigkeiten hin:

> „In den untersten Klassen der Tierwelt ist das Bewußtsein der Außenwelt sehr beschränkt und dumpf; es wird deutlicher und ausgedehnter mit den zunehmenden Graden der Intelligenz, welche selbst wieder sich nach den Graden des Bedürfnisses der Tiere richtet, und so geht es, die ganze lange Skala der Tierreihe hinauf bis zum Menschen, in welchem das Bewußtsein der Außenwelt seine Gipfel erreicht und demgemäß die Welt sich deutlicher und vollständiger als irgendwo darstellt. Aber selbst hier noch hat die Klarheit des Bewußtseins unzählige Grade, nämlich vom stumpfsten Dummkopf bis zum Genie." [2])

An anderer Stelle vergleicht Schopenhauer die verschiedenen Grade des Bewußtseins mit derjenigen der Tonleiter „vom tiefsten, noch hörbaren, bis zum höchsten Ton".[3])

---

[1]) „Philosophie des Unbewußten" S. 417 ff.

[2]) „Natur" S. 76.

[3]) „Welt" Bd. II S. 378.

Diese Abstufung des Bewußtseins mußte außer Zweifel gestellt werden, weil sie, obwohl zur Anwendung des Entwicklungsgedankens auf die tierischen Geistesfähigkeiten unerläßlich, vielfach bestritten wird.

Es ist klar, daß die Entwicklung und Vervollkommnung des Bewußtseins überall auf Kosten des unbewußten Vorstellens stattfand, welches gewissermaßen aus jedem von der Bewußtseinsfähigkeit eroberten Gebiete des tierischen Vorstellens vor dem Bewußtsein zurückweichen mußte, wie die Finsternis vor einem langsam vordringenden Lichte. Trotzdem sind die unbewußten Vorstellungen, selbst bei den höchsten Tieren und beim Menschen, von so überwiegender Bedeutung für die Erhaltung des Lebens geblieben, daß dieses zwar ohne bewußtes, aber keinen Augenblick ohne unbewußtes Vorstellen bestehen kann. Man denke an die fortwährenden, gänzlich unbewußten Bewegungen jedes Tieres, und zwar sowohl die inneren des Herzens, der Lungen, der Darmmuskeln usw., als die äußeren, welche der Fortbewegung, der Haltung des Gleichgewichts usw. dienen. Was sollte ferner aus jedem Tiere, und auch dem Menschen, werden, wenn nicht die unzähligen, oft gefährlichen, äußeren Reize der Umgebung fortwährend durch unbewußte Handlungen, je nach ihrer Art, aufgenommen oder abgewehrt würden? Treffend vergleicht daher Schopenhauer das Bewußtsein mit einem Wasser „von einiger Tiefe“:

> „die deutlich bewußten Gedanken sind bloß dessen Oberfläche; aber in der dunklen Tiefe geschieht die Rumination des von außen erhaltenen Stoffes, durch welche er zu Gedanken umgearbeitet wird, und diese geht beinahe so unbewußt vor sich, wie die Umwandlung der Nahrung in die Säfte und Substanz des Leibes. Daher kommt es, daß wir oft vom Entstehen

unserer tiefsten Gedanken keine Rechenschaft geben können; sie sind die Ausgeburt unseres geheimnisvollen Inneren. Urteile, Einfälle, Beschlüsse steigen unerwartet und zu unserer eigenen Verwunderung aus jener Tiefe auf. Das Bewußtsein ist die bloße Oberfläche unseres Geistes, von welchem, wie vom Erdkörper, wir nicht das Innere, sondern nur die Schale kennen.“[1])

Wenn wir nun auch die Art und Weise, wie das Vorstellen entsteht, nicht voll erklären können, so wissen wir doch, daß dies in den Sinneswerkzeugen, den Nerven und dem Gehirn geschieht, und daß Bewußtsein nur in diesem letzteren stattfinden kann; hiervon wird später ausführlicher die Rede sein. Es ist ferner bekannt, daß die Nerven bei allen höheren Tieren, und zwar mindestens schon bei den niedersten Wirbeltieren, zu einem einheitlichen Zentralnervensystem gestaltet worden sind, welches in das aus Rückenmarck und Gehirn bestehende Zentralmark und in das Leitungsmark oder „peripherische Nervensystem“ zerfällt, dessen Empfindungsnerven die Sinneseindrücke zum Zentralmark leiten, während Bewegungsnerven die hier entstandenen Willensvorstellungen mit den Muskeln verbinden. Bekannt sind endlich die zahllosen Knoten oder Mittelpunkte verschiedener Nervenfasern, welche man „Ganglien“ oder „Neuronen“ nennt. Ohne nun auf die anatomischen Vorgänge, aus welchen das Vorstellen entsteht, oder, wie man nach dem früher Gesagten richtiger sagen würde, besteht, irgendwie einzugehen, darf ich doch an den vortrefflichen Vergleich des gesamten Nervensystems mit einem Telephonnetz erinnern, da dessen Tätigkeit hierdurch sehr deutlich veranschaulicht wird; hierbei bildet dann

[1]) „Welt“ Bd. II S. 148.

das Gehirn die „Zentralstation" mit der Aufgabe, die gesamte Tätigkeit aller Nerven, und namentlich auch diejenige der untergeordneten Nervenknoten oder Ganglien, dauernd zu beaufsichtigen, da sich hier selbständige Vorstellungsmittelpunkte für untergeordnete Tätigkeiten gebildet haben. Auch Schopenhauer hat diese niederen Vorstellungssitze mit „untergeordneten Behörden" verglichen, welchen das Gehirn als „Zentralbehörde" übergeordnet sei, selbst außer stande, die so unendlich verwickelte Tätigkeit aller Nerven selbst zu vermitteln, oder auch nur zu beaufsichtigen.[1]) An einer anderen Stelle bemerkt Schopenhauer, jeder dieser Nervenknoten spiele eine „minimale Gehirnrolle", habe „sein eigenes Ich", ja sei gewissermaßen

> „ein Tier für sich, welches eine Art schwacher Erkenntnis habe, deren Sphäre jedoch auf diejenigen Teile beschränkt sei, aus denen gerade die hier zusammentreffenden Nerven unmittelbar kämen."[2])

Alle diese Gleichnisse veranschaulichen die örtliche Verteilung der gesamten Vorstellungsvorgänge viel deutlicher, als dies eine ausführliche anatomische Beschreibung zu tun vermag; sie zeigen uns namentlich die Möglichkeit zahlreicher unbewußter Vorstellungen in untergeordneten Nervenmittelpunkten, welche im übrigen teils mit dem Gehirn in Verbindung stehen, teils ganz unabhängig hiervon sind. Daß sie auch im ersteren Falle selbständige, vom Gehirn unabhängige Vorstellungen erzeugen, zeigt sich bei ihrer versuchsweise gewaltsamen Trennung vom Gehirn, indem auch dann noch dieselben Reizhandlungen und Gewohnheitsbewegungen ausgeführt werden, wie vorher: ich werde hierauf später zurückkommen. Da keine Handlung, oder

---

[1]) Vgl. „Natur" S. 24 ff.

[2]) „Welt" Bd. II S. 290 ff.

noch so untergeordnete Bewegung, eines Tieres ohne vorausgegangenes Vorstellen dieses sichtbaren Erfolges stattfinden kann, so würde es ja eine ungeheure Belastung des Gehirns sein, wenn sich das ganze Heer der Vorstellungen, aus denen sich in jedem Augenblicke das Leben zusammensetzt, in ihm sammeln würde. Denn, wenn auch die einzelnen Vorstellungen nur flüchtige Tatsachen ohne Dauer sind, da sie fortwährend neu entstehen und vergehen, so sind doch die Lebensvorgänge der höheren Tiere so überaus verwickelt, daß sie in jedem Augenblicke das gleichzeitige Walten vieler Vorstellungen verlangen, welche nun, zum großen Glück für die Individuen, diesen zum größten Teil nicht bewußt werden. Man braucht sich nur vorzustellen, daß sowohl die dauernden Innenbewegungen unseres Körpers, wie Atmen, Verdauen, Blutumlauf und Ausscheidungen, wie die ununterbrochenen äußeren Handlungen, wie Gehen, Sprechen, Bewegung der Augen usw., auch nur einen Augenblick durch bewußtes Vorstellen und Wollen jeder einzelnen Bewegung ausgeführt werden sollte, um die unerträgliche Überbürdung des Gehirns zu begreifen, welche hierzu erforderlich sein würde; ferner würde dann noch die große Anzahl weiterer Vorstellungen hinzukommen, welche die Gesamttätigkeit des Individuums, also sein „zentralisiertes“ Wollen, Fühlen und Denken umfaßt, und ohne Zweifel ebenfalls zum großen Teil unbewußt bleibt, auch wenn diese Vorstellungen im Gehirn stattfinden. Denn dieses ist zwar, wie wir später sehen werden, der Sitz und die notwendige Voraussetzung jeder bewußten Vorstellung; aber hieraus folgt offenbar nicht umgekehrt, daß jede in seiner Nervenmasse entstehende Vorstellung dem Individuum auch bewußt werden müßte. Da übrigens das Bewußtsein den Pflanzen gänzlich fehlt, so entfallen bei ihnen auch alle diejenigen Vorstellungen, deren Entstehung wir als unbedingt abhängig von jenem erkannt haben, also abgeleitetes Denken und die Empfindungen, namentlich auch Lust und Schmerz. Die stets unbewußten Vorstellungen der Pflanzen können daher nur aus Sinneseindrücken entstehen und zum Inhalte nur ein Wollen haben; dieses aber müssen wir unbedingt auch ihren Handlungen unterstellen, weil es eine Bewegung von Lebewesen ohne Vorstellen nicht geben kann. Da wir als „Seele" den Inbegriff aller Vorstellungen eines Individuums erkannt haben, und es hierbei, wie wir gesehen haben, begrifflich ohne Bedeutung ist, inwieweit diese vom Bewußtsein ergriffen werden, so darf nicht nur der Dichter, sondern unbedenklich auch der Philosoph und der Naturforscher, von einer Seele der Pflanzen sprechen. Wenn ihnen daher Herr R. H. Francé zwar Instinkte, aber kein „Seelenleben", zuerkennt, weil „die Seele mit dem Bewußtsein, also erst bei den höberen Tieren, beginnen",[1]) so erscheint dies sehr willkürlich. Dagegen haben schon die griechischen Philosophen, namentlich Empedokles und Plato, den Pflanzen „Begierden" zuerkannt, und Schopenhauer spricht allgemein von den Willensäußerungen und Empfindungen der Pflanzen und von ihrer Empfänglichkeit für Reize, im Gegensatze zu der „Reaktion der völlig erkenntnislosen, unorganischen Natur."[2])

---

[1]) „Das Sinnesleben der Pflanzen", Stuttgart 1905, S. 78.
[2]) „Natur" S. 64, 70ff. „Welt" Bd. II S. 156, 318.

V.

Begriffstafel.

In dem engen Rahmen dieser Betrachtungen sollten die Seelenvorgänge oder Vorstellungen der Tiere nicht in allen ihren Einzelheiten verfolgt, sondern nur ihre Entstehung, ihr Inhalt und ihr Verhältnis zum Bewußtsein im allgemeinen beschrieben werden, während der folgende Abschnitt meiner Untersuchung ihrer sichtbaren Erscheinung in den Handlungen der Tiere gewidmet sein wird. Da, wie wir gesehen haben, vor jeder Handlung eines Tieres deren Vorstellung steht, so erfolgte die bisherige Erörterung im eigentlichen Sinne „a priori", während die weitere die erst auf die Vorstellungen folgenden Handlungen der Tiere betrifft, also „a posteriori" stattfindet, so daß sich diese verschiedenartige, doppelte Betrachtungsweise der Vorstellungen überall gegenseitig ergänzen wird. Ehe ich jedoch zu diesem zweiten Teile meiner Aufgabe übergehe, möge es mir erlaubt sein, das bisher Gesagte in einer, zwar nicht mehr gebräuchlichen, aber doch sehr zweckmäßigen, Weise anschaulich zu machen.

Da nämlich jeder überhaupt denkbare Begriff einen ganz bestimmten Inhalt hat, und dieser stets zu demjenigen jedes anderen Begriffes in einem ganz bestimmten, obwohl oft nicht leicht erkennbaren, Verhältnisse steht, so hat man zur Veranschaulichung dieser Beziehungen früher vielfach das ausgezeichnete Hilfsmittel angewendet, diese durch Zeichnungen nachzuweisen. Man stellte hierbei zunächst das Gebiet (die „Sphäre") eines Begriffes durch einen Kreis, und sodann die ihm untergeordneten Begriffe durch Abschnitte dieses Kreises dar, während die logischen Beziehungen verschiedener Begriffe zueinander durch das Sichdecken, Ineinandergreifen oder Sichausschließen der einzelnen Kreise dargetan wurden. Schopenhauer rühmt dieses Verfahreu als einen „überaus glücklichen Gedanken", weil es die abstrakten Verhältnisse der Begriffe zu anschaulicher Erkenntnis bringe,[1]) und in der Tat ist es ein ausgezeichnetes Mittel, eine rein logische Erörterung auf ihre Folgerichtigkeit hin zu püfen, und zugleich anschaulich deutlich zu machen. Beispielsweise veranschaulicht die Zeichnung

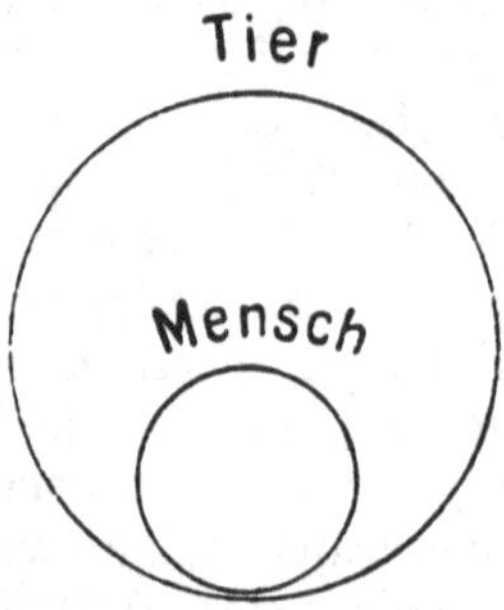

deutlich die Tatsache, daß der Mensch, da dieser Begriff ganz in dem übergeordneten Kreise „Tier" liegt, alle wesentlichen Eigenschaften der Tiere, wie Vorstellen, Bewegung, Fortpflanzung, Tod haben muß, während die besonderen Eigenschaften des Menschen, wie etwa das hochentwickelte Sprachvermögen, dem außerhalb des kleinen

---

[1]) „Welt" Bd. I. S. 51 ff.

Kreises liegenden Gebiete des Begriffes „Tier" nicht zukommen. Trugschlüsse, wie die bekannte Folgerung „Alle Vögel haben zwei Beine, daher sind alle zweibeinigen Tiere Vögel", werden daher durch eine derartige Zeichnung leicht aufgedeckt; es ist aber bekannt, wie oft diese Art von Fehlschlüssen in verdeckter Form gemacht wird. Obwohl daher dieses Verfahren meines Wissens nicht mehr gebräuchlich ist, wage ich doch, es hier anzuwenden, um die so vielfach und eng verschlungenen Vorgänge im tierischen Vorstellen möglichst deutlich zu machen.

1. zu Kapitel I (Lebloser Stoff und Vorstellen).

Die Lebewesen sind Teile des gesamten in der Welt vorhandenen Stoffes; ihre Körper unterliegen daher dessen allgemeinen Gesetzen, wie z. B. der Schwere; sie unterscheiden sich aber durch das Vorstellen wesentlich von allen Formen des leblosen Stoffes und zerfallen ihrerseits in Pflanzen und Tiere. Diese Tatsachen werden durch folgende Zeichnung dargestellt, wobei natürlich, wie auch bei allen folgenden Bildern, die Größenverhältnisse der einzelnen Abschnitte und Kreise ganz ohne Bedeutung sind:

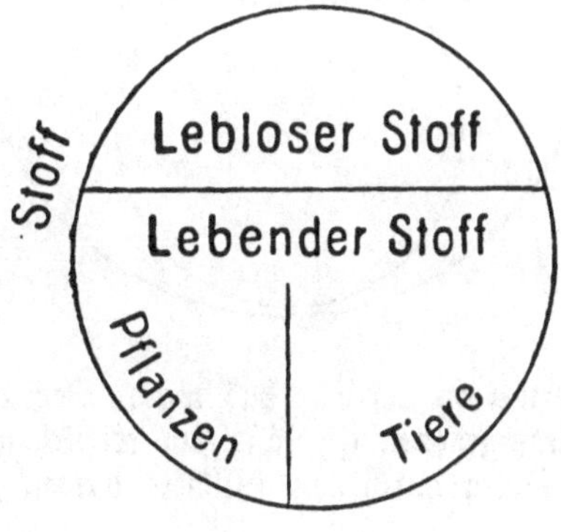

2. zu Kapitel II (Entstehung der Vorstellungen).

a) Die Vorstellungen der Tiere finden vollständig und ausschließlich in deren Körpern statt und sind daher körperliche Vorgänge; sie müssen daher ganz deren allgemeines Schicksal teilen, z. B. der Herrschaft des Entwicklungsgesetzes, sowie der Krankheit und dem Tode unterliegen. Aber durch gewisse besondere Eigenschaften, namentlich dadurch, daß sie gänzlich unsichtbar und unräumlich stattfinden, unterscheiden sie sich von allen übrigen Körpervorgängen: um sie daher von diesen streng zu trennen, hat man sie seelisch genannt:

Daß hiermit in der Tat das wahre Verhältnis beider Begriffe wiedergegeben ist, läßt sich freilich nur in verneinender Form durch den Hinweis darauf zeigen, daß ein Vorgang in einem Tierkörper nicht zugleich unkörperlich, also außerhalb dieses Körpers, vorhanden sein kann. Aber dieser Beweis ist trotzdem durchaus schlüssig, weil „körperlich“ und „außerkörperlich“ so erschöpfende Gegensätze sind, daß ihre Summe die gesamte Welt der Erscheinungen umfaßt; denn einen Vorgang, welcher weder in einem Tierkörper, noch außerhalb eines solchen stattfände, kann es überhaupt nicht geben, es sei denn im Lande der beweislosen Wunder, welches „wir freien Geister“ nicht betreten werden.

b) Alle Vorstellungen haben ihren Ursprung entweder unmittelbar in Sinneseindrücken und werden dann „anschaulich“ genannt, oder als „abgeleitete“ Vorstellungen im Denken:

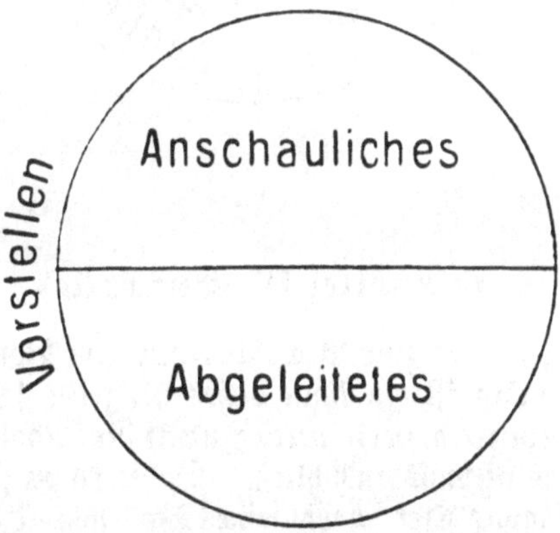

3. zu Kapitel III (Inhalt der Vorstellungen).

Es gibt kein Handeln ohne Vorstellen; daher liegt das Gebiet des Wollens ganz im Kreise des Vorstellens. Aber es gibt Vorstellungen, welche kein Wollen, sondern nur Fühlen und Denken enthalten:

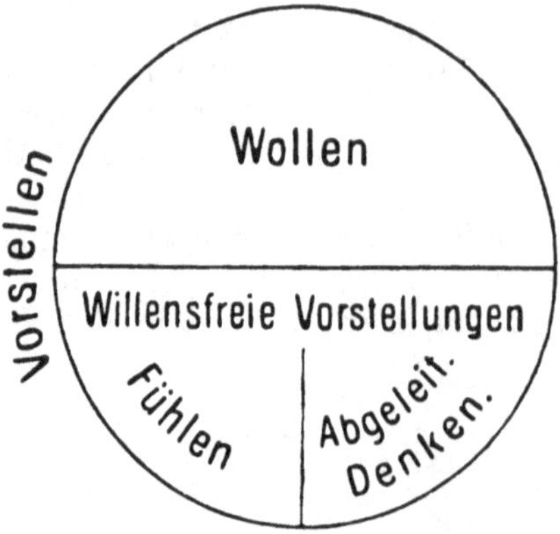

4. zu Kapitel IV (Bewußtsein).

Wenn ein Tier zum Bewußtwerden von Vorstellungen überhaupt fähig ist, so kann dieses bei jeder seiner Vorstellungen eintreten, weil deren Inhalt die Möglichkeit des Bewußtseins niemals ausschließt. Daher kann sich ein bewußtseinsfähiges Tier sowohl seines Wollens und Handelns, als auch seines Fühlens und Denkens bewußt werden. Aber alle diese Arten von Vorstellungen können auch eintreten, ohne ihrem Träger bewußt zu werden, und tatsächlich umfaßt das Bewußtsein stets nur einen geringen Teil des Vorstellungsgebietes eines Tieres:

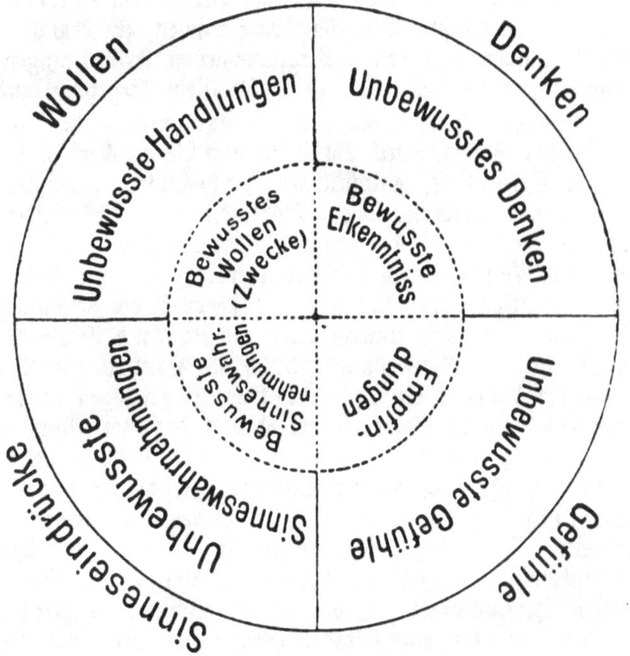

Hier bedeutet der größere Kreis das gesamte Vorstellen eines Tieres; die einzelnen Arten von Vorstellungen werden durch die einzelnen Kreisausschnitte dargestellt.[1]) Der innere Kreis bedeutet das Bewußtsein und ergreift daher zwar jede Art von Vorstellungen, aber stets nur einen Teil von diesen, während deren übriger Teil un-

[1]) Die Unterscheidung ist hier keine ganz strenge, insofern sie teils nach dem Inhalte, teils nach der Entstehungsweise stattfindet; aber dies ist hier ohne Bedeutung.

bewußt bleibt. Insoweit aber das Bewußtsein eintritt, werden unbewußte Sinneswahrnehmungen zu bewußten Vorstellungen von den wahrgenommenen Erscheinungen; unbewußtes Wollen wird zu wahlweisem Begehren und zur bewußten Verfolgung von Zwecken; anschauliche Vorstellungen werden durch Schließen und Vergleichen zu bewußter Erkenntnis, endlich unbewußte Gefühle zu bewußten, freudigen oder schmerzlichen, Empfindungen. Diese, überall nur teilweise, Herrschaft des Bewußtseins über jede Art von Vorstellungen wird, wie mir scheint, in diesem Bilde deutlich veranschaulicht. Trotzdem ist die Zeichnung insofern nicht ganz einwandsfrei, als sie den Anschein erweckt, daß den Vorstellungen durch den Eintritt von Bewußtsein dauernd ein Teil ihres Gebietes entzogen würde, während doch in Wahrheit der Inhalt der Vorstellungen hierdurch nicht berührt wird. Aber diese Tatsache kann, so viel ich sehe, nicht durch eine derartige Zeichnung, sondern nur in der Weise veranschaulicht werden, daß man die einzelnen Arten der Vorstellungen als Kugeln, und das Bewußtsein durch ein Licht darstellt, ähnlich den kunstvollen Herrichtungen, welche in den Schulen vorgeführt werden, um an ihnen die Drehung der Erde um die Sonne, und unserer Planeten um die Erde, zu veranschaulichen. Hierbei müßten die einzelnen Arten von Vorstellungen, wie Wollen, Denken und Fühlen, durch feststehende Kugeln und das Bewußtsein durch ein in fortwährender unregelmäßiger Bewegung befindliches Licht dargestellt werden; während sich dieses nämlich in verschiedenartigster Weise um die feststehenden Kugeln bewegte, würden die einzelnen Kugeln abwechselnd an verschiedenen Teilen ihrer Oberfläche von dem Lichte getroffen werden, wodurch der Wechsel und die Vergänglichkeit des Bewußtseins gegenüber den, von ihm an sich durchaus unabhängigen,

Vorstellungen auf das deutlichste veranschaulicht werden würde. Aber auch schon die obige, so viel unvollkommenere, Darstellung dürfte ausreichen, um die meist verkannte Ungleichartigkeit des Bewußtseins mit allen Arten von Vorstellungen zu zeigen, über welchen es wechselnd, wie das Sonnenlicht über den Vorgängen auf der Erde, erscheint und verschwindet. Auch die einzelnen Vorstellungen wechseln natürlich in fortwährendem Entstehen und Vergehen; da aber das Vorstellen selbst nicht unterbrochen wird, solange das Leben andauert, von welchem es ja untrennbar ist, so hat es trotz dieses Wechsels eine Beständigkeit, welche dem Bewußtsein gänzlich fehlt.

B.

Die tierischen Vorstellungen in ihrer Erscheinung.

„Da die natürliche Auswahl nur durch und für den Nutzen eines jeglichen Wesens wirkt, so werden alle geistigen Fähigkeiten und alle körperlichen Gaben mehr und mehr der Vervollkommnung zustreben."

Darwin.

I.

Die Reizhandlungen.

1. Unbewußtheit.

Es muß immer von neuem daran erinnert werden, daß alle einzelnen „Stufen" der Entwicklung in der Natur nicht in Wirklichkeit, sondern nur in der Vorstellung der beobachtenden Wissenschaft vorhanden sind, und daß die Annahme der verschiedenen Gattungen und Arten der Pflanzen und Tiere erst durch das Verschwinden der unzähligen Formen möglich wird, welche zwischen den jetzt deutlich ausgeprägten (sogen. „echten") Merkmalen entstanden waren. Alle Entwicklung gleicht daher, ebenso wie der Zeitablauf, nicht einer Reihe von Stufen, sondern einer ununterbrochenen Linie, deren Anfang für uns in dem Dunkel fernster Vergangenheit verschwindet, während ihr Ende in der gänzlich ungewissen Zukunft verläuft; an dem ununterbrochenen Verlauf dieser Linie wird dadurch, daß wir einzelne Merkpunkte hineinzeichnen, offenbar ebensowenig etwas geändert, wie an der ununterbrochenen Fortdauer (der „Kontinuität") des Zeitablaufs durch dessen Einteilung in Jahre, Monate, Tage und Stunden. Einer solchen ununterbrochenen Linie gleicht daher auch die seelische Entwicklung der Lebewesen, d. h. die allmähliche Vervollkommnung ihres Vorstellens. Wenn ich daher nunmehr dessen Erscheinung in den Handlungen der Tiere in kurzen Umrissen beschreiben, und hierbei als deutlich sichtbare Stufen der allmählichen Entwicklung

1. die Reizhandlungen,
2. die Instinkthandlungen,
3. die bewußten Handlungen

der Tiere unterscheiden werde, so geschieht dies nur unter dem Vorbehalte, daß auch diese verschiedenen Arten von Handlungen ganz ineinander übergehen. Denn in der Tat ist es nicht mölich, sie streng voneinander zu trennen, sondern auf den Grenzen zwischen ihnen sind überall tierische Handlungen zu beobachten, welche man mit demselben Rechte auf bloße Reize, wie auf Instinkte zurückführen kann, und andere, bei welchen es oft nicht möglich ist, die Tatsache des Bewußtseins mit voller Sicherheit zu bejahen oder auszuschließen. Aber ganz wie bei der sichtbaren Körpergestaltung der Tiere fördert es nicht die Schärfe der Beobachtung, wenn man die ungewissen Grenzgebiete allzu sehr hervortreten läßt, sondern die Erscheinungen, auf deren Betrachtungen es ankommt, werden um so deutlicher, je mehr man ihre trennenden, besonderen Merkmale hervorhebt.

Nun bedarf es nach dem früher Gesagten keiner Ausführung mehr, daß jede Handlung eines Tieres der Ausdruck von Vorstellungen, und daher ein Mittel ist, diese kennen zu lernen; ich habe jedoch bereits oben daran erinnert, wie unvollkommen dieses Mittel sein würde, wenn uns nicht die Kenntnis der menschlichen Seelenvorgänge zu Hilfe käme. Die Vorstellungen der Tiere können aber auch deshalb aus ihren Handlungen nicht vollständig erkannt werden, weil sie nicht nur ein Wollen, sondern auch, wie wir gesehen haben, ein Fühlen und abgeleitetes Denken enthalten können. Denn diese Arten von Vorstellungen können zwar mittelbar, nämlich als Beweggründe, in

Handlungen zum Ausdruck gelangen; sie können aber auch, wenigstens bei den höchsten Tieren, nach außen völlig unfruchtbar bleiben. Bei dieser Unvollkommenheit der Erkenntnismittel ist es nicht wunderbar, daß die Vorstellungen der Tiere auch gegenwärtig noch ein vielfach dunkles Gebiet sind, zumal ihre wissenschaftliche Erforschung bisher nicht mit so großem Eifer betrieben worden ist, wie diejenige der körperlichen Gestaltung der Tierwelt, obwohl sie doch mindesten das gleiche Interesse beanspruchen dürfen, wie diese.

Ohne Zweifel bestand der Ursprung der ersten tierischen, wie auch pflanzlichen, Vorstellungen, also der Beginn des Lebens auf der Erde, in der Reizbarkeit des Stoffes, indem dieser die Fähigkeit erlangte, von der Außenwelt nicht mehr nur mechanisch oder chemisch, sondern auf die ganz neue Weise beeinflußt zu werden, welche ich oben als die Tatsache des Vorstellens näher beschrieben habe. Aber diese Sinneswahrnehmungen konnten nur dadurch von Nutzen für jene ersten Lebewesen, und hierdurch zu weiterer Entwicklung fähig sein, daß sie diese zu einem nützlichen Verhalten, nämlich zu Bewegungen veranlaßten, durch welche sie in eine vorteilhafte Lage gegenüber der Außenwelt gerieten. Bloße Gefühlsvorstellungen waren daher zunächst für die Erhaltung des Lebens nutzlos, welches nur durch Wollen und Handeln gefördert werden konnte; erst eine unendlich viel spätere Entwicklung, nämlich das bewußte Vorstellen der höheren Tiere, konnte die an sich willensfreien, abgeleiteten Gefühle erzeugen, welche ich oben als Empfindungen bezeichnet habe, während in jenem ersten, noch gänzlich unbewußten, Daseinskampfe noch kein Raum für diese war. Hier konnte es sich nur um Vorstellungen handeln, welche Eindrücke der Außenwelt in das Wollen von entsprechend nützlichen räumlichen

Veränderungen umsetzten und diese selbst herbeiführten, ohne welche aber, wie wir sahen, beides unmöglich ist. Ich habe bereits oben bemerkt, daß es jedenfalls das anspruchsvolle Wort „Vorstellung“ ist, welches die Anerkennung dieser einfachsten Willensvorgänge so sehr erschwert, da wir hierbei unwillkürlich an unsere eigenen, bewußten Vorstellungen denken, welche von den gänzlich unbewußten Vorstellungen in der Haut oder den zerstreuten Nervenfasern niederster Tiere natürlich so verschieden sind, wie heller Sonnenschein von tiefer Dämmerung; aber eingedenk der Grundtatsache, daß es keine lebende Bewegung ohne Vorstellung geben kann, müssen wir uns lebhaft bemühen, diese Schwierigkeit zu überwinden, und jene einfachste Art des Vorstellens niederster Tiere begreifen zu lernen. Denn es ist nun einmal eine auf keine Weise zu widerlegende Tatsache, daß vor jeder Handlung deren Vorstellung gestanden haben muß.

Freilich deutet schon die Bezeichnung als „Reflexbewegungen“, welche man diesen einfachen Reizhandlungen verleiht, darauf hin, daß diese Tatsache ziemlich allgemein verkannt wird. Denn man will hiermit ausdrücken, daß dabei ein äußerer Reiz die sichtbare Bewegung eines Tieres in dessen Muskeln nicht unmittelbar, sondern erst durch „Reflex“, also Umleitung, bewirke, indem er von den zunächst getroffenen äußeren Sinnesnerven zu gewissen Nervenknoten (Ganglien), und von hier, mittels sogenannter Bewegungsnerven, zu den entsprechenden Muskeln „geleitet“ werde. Aber diese Ausdrucksweise ist in hohem Grade unvollständig, und sogar unzutreffend, weil das Wesentliche des ganzen Vorganges nicht in der bloßen Ablenkung oder Leitung des Reizes, sondern in der Erzeugung von etwas völlig Neuem, nämlich des Wollens einer bestimmten Bewegung, besteht, welche für das Tier in bezug auf diesen Reiz von Vorteil ist. Wie kann man diese als den bloßen „Reflex“ eines Reizes bezeichnen, in welchem sie doch in keiner Weise vorhanden oder auch nur angedeutet ist? „Reflektiert“ kann doch nur etwas werden, was bereits vorhanden ist, also der Reiz selbst; und das Ergebnis der „Reflexion“ könnte nur in dessen Wiederholung oder in dessen Abbild bestehen, während hier etwas völlig davon Verschiedenes, und gänzlich Neues, eintritt. Wie interessant daher auch alle anatomischen Erklärungen des „Reflexmechanismus“ durch „strukturelle Vorgänge“, nämlich Molekularvorgänge in den Nervenfasern und Ganglien, sind, so bleiben sie doch, auch wenn man sie als zutreffend anerkennt, völlig ungenügend, um die Verursachung einer Bewegung durch einen Reiz auch nur richtig zu beschreiben, geschweige denn zu erklären, weil sie uns über die Entstehung des Neuen, welches wir dabei erblicken, durchaus nichts sagen. Wenn beispielsweise Romanes bemerkt, es sei

> „die unterscheidende Eigentümlichkeit der Nervenfaser, Reize durch Weiterverbreitung molekularer Erschütterungen ohne nachweisbare Kontraktionswellen fortzupflanzen, und diese Eigentümlichkeit bilde die Grundlage aller geistigen Wirksamkeit nach der physischen Seite hin“,[1])

so ist dies an sich gewiß richtig; aber was würde aus der „molekularen Erschütterung“ werden, wenn nur ihre Weiterleitung oder „Reflexion“, und nicht vielmehr die Erzeugung des in ihr gar nicht enthaltenen neuen Wollens stattfände? Wie eingehend man daher auch den „Leitungsmechanismus“ beschreiben mag, so bleibt dieser doch stets ein „totes Geleise“, wenn man ihm nicht mit der neuen

---

[1]) „Geistige Entwicklung“ S. 63.

Willensvorstellung die allein mögliche Quelle der sichtbar werdenden Bewegung hinzufügt. Denn woher anders stammt gerade diese, so genau bestimmte, Bewegung des Tieres? Man sträubt sich, die Unentbehrlichkeit der Willensvorstellung bei diesen Handlungen anzuerkennen, weil man fürchtet, hiermit die streng natürliche Erklärung des Vorganges aufzugeben; aber ein Körpervorgang, über dessen wirkliches Stattfinden (dessen „Realität") aus logischen Gründen kein Zweifel herrscht, wird durch den Mangel der Erklärung weder ungeschehen gemacht, noch in seinem natürlichen, rein körperlichen, Verlaufe abgeändert. Auch der Astronom ist außerstande, die Entstehung der Schwere und Anziehung zu erklären; und doch bestreitet ihm niemand das Recht, diese Kräfte als gegebene Tatsachen zu behandeln, und aus ihren Wirkungen die Bewegungen der Himmelskörper zu erklären. Ganz ebenso dürfen wir das Vorstellen als einen durch Beobachtung und zwingende Schlußfolgerung nachgewiesenen Körpervorgang annehmen und zur Erklärung sichtbarer Lebensvorgänge verwenden, ohne auch nur einen Augenblick den sicheren Boden natürlicher Erklärung zu verlassen. Die Gleichstellung der Begriffe „für uns unerklärlich" und „übernatürlich" ist offenbar ein grober und geradezu plumper Trugschluß; und doch beruht auf ihm der ganze Glaube an göttliche Wunder.

Man legt daher zu viel in den Vorgang einer Reizhandlung, wie überhaupt jeder tierischen Handlung, wenn man sie mit unkörperlichen, und daher übernatürlichen, Seelenkräften, statt aus dem körperlichen Vorgange des Vorstellens, erklärt; dagegen legt man zu wenig hinein, wenn man dabei auf das Vorstellen verzichtet, und sich auf die Beschreibung einer „Leitung" oder „Reflexion" des Reizes beschränkt, welcher die neu entstehende Handlung des Tieres nicht enthielt und daher auch nicht allein erklären kann. Trotzdem begnügen sich die meisten Naturforscher mit dieser gänzlich unzureichenden „Erklärung“. Sogar Wilhelm Wundt sieht in den Reizhandlungen nur „Muskelbewegungen ohne psychische Vorgänge“ und vergleicht sie mit den Bewegungen einer Uhr,[1]) also leblosen Stoffes; ich erlaube mir, Herrn Wundt zu fragen, welcher Unterschied bei dieser Auffassung zwischen dem Leben und dem leblosen Stoffe, zwischen „Organischem“ und „Unorganischem“ übrig bleibt. Auch Herr Dr. Lukas stellt in seinem inhaltreichen Werke „Die Psychologie der niedersten Tiere“ die Reizhandlungen als „physiologische Antriebe“, in einen Gegensatz zum „psychischen Leben“;[2]) aber dessen Gegensatz ist nicht ein „physiologisches“, also natürliches, Geschehen, sondern die Vorstellungslosigkeit, also Leblosigkeit, während das Vorstellen, oder das „psychische Leben“, selbst zu den „physiologischen“ Vorgängen gehört, wie Herr Lukas gewiß anerkennen wird.

Also das unbewußte Vorstellen eines Reizes und der diesem entsprechenden, nützlichen Bewegung ist die alleinige Quelle des neuen Wollens, und nur hier ist dieses mit dem Reiz, als seiner Ursache, verbunden. Da der Hinzutritt von Bewußtsein in der Vorstellung des Reizes an diesem Hergange nichts ändert, so können wir ihn am besten beobachten, wenn wir ihn an uns selbst bewußt herstellen, z. B. durch eine plötzliche Bewegung vor unseren Augen, welche in jedem Falle das unwillkürliche Schließen der Augenlider, als eine unbewußte Reizhandlung, herbeiführt, deren Eintreten wir aber auch verhindern können. Hieraus folgt, daß dieses nicht durch bloße mechanische Leitung, sondern durch Wollen, also durch Vorstellen, wenn auch

---

[1]) S. 131. Vgl. auch S. 389.

[2]) z. B. S. 130, 263.

uns unbewußt, herbeigeführt wird. Denn unter „Reizhandlungen“ oder „Reflexbewegungen“ verstehen wir nur die unbewußten Vorgänge dieser Art; als solche sind sie aber überall völlig gleichartig, mögen sie von niedersten Tieren vollführt werden, und hierbei überhaupt deren gesamte Lebenstätigkeit ausfüllen, oder bei höheren Tieren neben deren bewußten Handlungen vorkommen. Bekanntlich sind schon die niedersten Tiere, welche noch keine Nerven besitzen, zu solchen Handlungen fähig, indem man beispielsweise Amöben durch einen Lichtstrahl zu Bewegungen veranlassen kann; aber mannigfacher werden sie, wo Nerven und die Anhäufung von Nervenzellen in Ganglien vorhanden sind, was zuerst bei den Quallen oder Medusen, sodann aber in gleicher Weise bei allen anderen Tieren, bis zu den höchsten Säugetieren, der Fall ist. Aber auf allen Stufen der Tierwelt wird zu den bloßen Reizhandlungen nicht das Bewußtsein, wo dieses überhaupt vorkommt, sondern nur das unbewußte Vorstellen jener untergeordneten Nervenverbindungen oder Ganglien in Anspruch genommen; ich erinnerte bereits früher an den treffenden Vergleich dieser untergeordneten Vorstellungsherde mit unteren „Behörden“, welche von der „Zentralbehörde“, dem Gehirn, bis zu einem gewissen Grade unabhängig sind, weil dieses hierbei niemals mitwirkt.[1]) Dies wird durch die Bewegungen durchschnittener Insekten, bei welchen sich auch das abgetrennte Hinterteil selbständig bewegt und durch Reize beeinflußt werden kann, sowie durch die bekannten Versuche mit anderen enthirnten, oder sogar enthaupteten, Tieren bestätigt. Ein Frosch, bei welchem man das Großhirn entfernt hat, welches bekanntlich bei allen überhaupt ein Gehirn besitzenden Tieren der maßgebende

[1]) Vgl. Schopenhauer, „Welt“ Bd. II S. 292.

Sitz des Vorstellens und der alleinige des Bewußtseins ist, macht trotzdem im Wasser Schwimmbewegungen, flieht in weiten Sprüngen vor einer Berührung, kratzt die mit einer Säure benetzte Stelle seines Körpers mit einem Beine,[1]) schnappt nach Fliegen und hält auf einem schief bewegten Brett das Gleichgewicht,[2]) alles dies genau so, wie früher. Vögel und Hunde, welche man des Hirns beraubt hatte, setzten ihre gewohnten Handlungen, wie z. B. Fressen und Sichkratzen, unverändert fort, und antworteten auf Reize wie früher, also offenbar, da auch diesen Handlungen deren Vorgestelltwerden vorausgehen mußte, nach den unbewußten Vorstellungen in untergeordneten Nervenmittelpunkten. Wie selbständig und unabhängig unter sich solche sein können, zeigen auch Versuche an Seesternen; wenn man die einzelnen Strahlen eines solchen an ihrer Wurzel abschneidet, so vollführt jeder von ihnen genau dieselben Bewegungen, wie das ganze Tier, indem auch der einzelne Strahl nach dem Lichte kriecht, vor einer Berührung zurückweicht und sogar sich aufrichtet, wenn man ihn auf den Rücken legt.[3]) Um noch an einige bekannte Versuche mit höheren Tieren zu erinnern, so springt ein geköpftes Kaninchen in seiner gewöhnlichen Weise davon; enthirnte Tauben fliegen, Enten schwimmen in üblicher Weise. Hunde äußern alle ihre bisherigen Bedürfnisse in bezug auf Hunger und Durst; sie bewegen sich in gewohnter Weise und können, nachdem sie den furchtbaren Eingriff überstanden haben, monatelang am Leben erhalten werden.[4]) Junge Hunde, welchen man das große und kleine Gehirn genommen hatte,

---

[1]) Ausführlich beschrieben von Darwin, „Ausdruck" S. 31.

[2]) Näher beschrieben von Romanes, „Darwin" Bd. II. S. 91.

[3]) Romanes „Geistige Entwicklung" S. 23.

[4]) Fr. Goltz berichtet von einem Hunde, welchen er nach Entfernung des Gehirns 18 Monate lang beobachtete.

suchten mit einer Pfote die Hand ihres Peinigers zu entfernen, wenn dieser sie in ein Ohr kniff. Dieselbe Selbständigkeit untergeordneter Nervenverbindungen zeigen die Reizhandlungen des neugeborenen Kindes, da dieses bekanntlich noch kein ausgebildetes Gehirn besitzt; aber auch die von erwachsenen Menschen während des Schlafes, einer Ohnmacht oder einer Hypnose vollführten Reizhandlungen beweisen diese Selbständigkeit, da ja bewußtes Vorstellen in diesen Zuständen nicht stattfindet.

Nach alledem unterliegt es keinem Zweifel, daß die Vorstellungen, welche die stets unbewußten Reizhandlungen vermitteln, ausschließlich in untergeordneten Nervenverbindungen stattfinden, und zwar auch bei Tieren, welche ein Gehirn besitzen. Dies erkennt auch E. v. Hartmann an; wenn er aber hierbei bemerkt,

> „die Reflexbewegungen seien die Instinkthandlungen der untergeordneten Nervenzentren, und ihr Wille sei für das betreffende Zentrum bewußt, für das Gehirn aber unbewußt“,[1]

so erscheint dies recht verkehrt; denn von einem bewußten Willen der untergeordneten Nervenknoten kann man doch schlechterdings nicht sprechen, und für das Gehirn sind die Vorstellungen der Reizhandlungen nicht unbewußt, sondern überhaupt nicht vorhanden; nur hierdurch wird dieses entlastet und zugleich eine schnellere Reiztätigkeit verbürgt.

2. Die Einförmigkeit der Reizhandlungen.

Wenn wir die Natur eines Tieres kennen, so sind uns diejenigen Handlungen, zu welchen es durch bestimmte Reize veranlaßt wird, in jedem einzelnen Falle im voraus

---

[1]) „Philosophie des Unbewußten“ S. 126.

genau bekannt. Auf eine plötzliche Berührung oder einen lauten Schall in seiner Nähe wird jedes Tier erschreckt zusammenfahren; einem starken Wärmereize wird es sich durch eine schnelle Bewegung entziehen, und so wird jeder Reiz in entsprechender, sich stets gleich bleibender, Weise beantwortet werden. Hierbei kommen nicht nur so einfache Bewegungen, wie die soeben genannten, sondern auch verwickeltere Handlungen vor, welche nur durch die ursächliche Verbindung mehrerer Vorstellungen zur Ausführung gelangen können. Beispielsweise erzeugt bei den fleischverzehrenden Pflanzen die Berührung durch ein Insekt bestimmte Reizhandlungen, welche ein Regentropfen nicht hervorbringt;[1]) Medusen, die niedersten Tiere, welche Nerven besitzen, entziehen sich einer Berührung durch schnelles Fortschwimmen und unterscheiden, wie die soeben genannten Pflanzen, zwischen Dingen, die zu ihrer Nahrung geeignet sind, und solchen, welche dies nicht sind; schon bei Mollusken findet eine Paarung zur Fortpflanzung, und daher die Unterscheidung der Artgenossen statt;[2]) endlich bekunden die verwickelten Reizhandlungen der Gliedertiere, und namentlich der Insekten und höheren Tiere, eine Verursachung mehrerer Vorstellungen, welche Darwin „Ideenverbindung" nennt,[3]) und deren dauerndes Bestehen durch natürliche Auslese und Gewohnheit leicht verständlich ist. Auch diese unbewußten Vorgänge können wir deutlich an uns selbst beobachten, z. B. an den zahlreichen und recht verwickelten Muskelbewegungen, welche in der Brust, im

---

[1]) Über dieses „Unterscheidungsvermögen", welches aber selbstverständlich völlig unbewußt betätigt wird, bei Drosera und Dionae vgl. Romanes, „Geistige Entwicklung" S. 46 ff.

[2]) Ebendas. S. 54 ff.

[3]) „Gemütsbewegungen" S. 25 ff. Vgl. auch Romanes, „Geistige Entwicklung" S. 32 ff.

Kehlkopf, mit der Zunge und mit dem Munde beim Sprechen stattfinden; da wir alle diese Bewegungen gänzlich unbewußt und stets einförmig, ohne die geringste Abweichung, vollführen, wenn der bewußte oder unbewußte Wunsch zu sprechen, eintritt, so handelt es sich auch hierbei lediglich um Reizhandlungen. Ebenso verhält es sich mit den zahlreichen Äußerungen von Gemütsbewegungen bei allen höheren Tieren, indem z. B. infolge von Furcht Schreien und Zittern, beim Menschen durch Freude Lachen, durch Schmerz Weinen, durch Scham Erröten, völlig selbsttätig und unwillkürlich eintreten.[1]) Man hat daher die Reizhandlungen auch als „Automatismus“ bezeichnet, und hiergegen ist, in Rücksicht auf ihre allgemeine Einförmigkeit, nichts einzuwenden, wenn dabei die Zwischenstufe des unbewußten Vorstellens nicht ausgeschaltet und etwa, wie es vielfach, z. B. auch durch Romanes,[2]) geschieht, durch bloße „kombinierte Muskelbewegung“ oder „Nervenkoordination“ ersetzt wird.

Die allgemeine Einförmigkeit ihres Verlaufes ist daher ein so wesentliches Merkmal der Reizhandlungen auf allen Stufen der Tierwelt, daß eine Handlung, welche hiervon abweicht, nicht zu dieser Art von Handlungen, sondern zu den Instinkthandlungen, gerechnet werden muß, welche den Reizhandlungen ja so außerordentlich ähnlich, aber von diesen namentlich durch die Mitwirkung von Bewußtsein und durch ihre Verschiedenartigkeit im einzelnen Verlaufe unterschieden sind. Dagegen erfolgen die Reizhandlungen bei den höchsten Tieren ebenso einförmig,

---

[1]) Hierüber spricht Darwin sehr ausführlich in seinem schönen Buche über den „Ausdruck der Gemütsbewegungen bei den Menschen und den Tieren“.

[2]) „Geistige Entwicklung“ S. 29 ff.

wie bei den niedersten; auch bei den Hunden und Affen kennen wir sie daher jedesmal schon im voraus, z. B. ihr Verhalten, wenn man plötzlich einen Schuß in ihrer Nähe abfeuert, oder sie auf andere Weise erschreckt. Aber trotz ihrer Einfachheit und Einförmigkeit sind alle diese Handlungen von ungeheurer Bedeutung im Dasein der Tiere und daher auch für die wissenschaftliche Beobachtung, weil sie entwicklungsgeschichtlich die ersten sichtbaren Erscheinungen von Vorstellungen sind, und daher, da sie in gleicher Weise bei den Pflanzen stattfinden, den Beginn des Lebens auf der Erde darstellen.

3. Die allgemeine Nützlichkeit der Reizhandlungen.

Auch die Begriffe „Zweck" und „zweckmäßig" gehören, sobald man sie auf unbewußte Handlungen von Tieren anwendet, zu den schädlichen Erbstücken einer veralteten Sprechweise, welche die rein objektive, dem handelnden Tiere gänzlich unbekannte, Nützlichkeit einer Handlung mit einem bewußt erstrebten Vorteil verwechselt. Trotzdem wird sie beinahe ausnahmslos, und auch von solchen Naturforschern angewendet, welche, mit Darwin, alle Entwicklung auf den rein ursächlich herbeigeführten, und nicht im voraus bewußt angestrebten, Nutzen von Handlungen und körperlichen Werkzeugen der Tiere zurückführen; daher sprechen diese Naturforscher auch von einer Zweckmäßigkeit der Instinkthandlungen, obwohl sie anerkennen, daß der, oft erst viel später eintretende, Nutzen dieser Handlungen den Tieren nicht bekannt ist, und also auch nicht bewußt von ihnen erstrebt werden kann, wie dies das Wort „zweckmäßig" unbedingt voraussetzt. Diese ungenaue Ausdrucksweise sollte daher unter allen Umständen vermieden und denjenigen überlassen werden, welche an die Einrichtung der tierischen Handlungen durch einen göttlichen Schöpfer glauben, und diese daher folgerichtig als „zweckmäßig“ bezeichnen, weil der Schöpfer sie gemäß dem ihm vorschwebenden Zwecke gestaltet habe. Aber selbst bei dieser Auffassung sollte man nicht von „zweckmäßigen“ Handlungen der Tiere sprechen, weil man ja die Vorstellung der Zwecke ebenfalls nicht diesen selbst, sondern nur dem Schöpfer zuschreibt. Denn bereits Schopenhauer bemerkt:

> „Nichts steht der richtigen Einsicht in die Natur und in das Wesen der Dinge mehr entgegen, wie eine Auffassung derselben als nach kluger Berechnung gemachter Werke. — Da der Intellekt uns erst aus der animalischen Natur bekannt ist, also als ein untergeordnetes Prinzip in der Welt, ein Produkt spätesten Ursprungs, so kann er nimmermehr die Bedingung ihres Daseins gewesen sein. Nicht ein Intellekt hat die Natur hervorgebracht, sondern die Natur den Intellekt.“ [1])

In der Tat: wie kann man der gesamten Entwicklung in der Natur Zwecke unterstellen, während doch die Fähigkeit, solche zu haben, d. h. bestimmte Erfolge von Handlungen bewußt vorzustellen und zu erstreben, erst ein spätes Ergebnis der natürlichen Entwicklung ist? Denn in Wahrheit kann eine Handlung nur dann „zweckmäßig“ sein, wenn ihr Erfolg durch bewußtes Wollen erstrebt wird; da aber sehr viele Handlungen der Tiere auf solche Weise zustande kommen, so sollte man das allein für diese passende Wort „zweckmäßig“ auch für sie allein vorbehalten, statt es auf die, von aller natürlichen Entwicklung untrennbare, objektive Nützlichkeit anzuwenden. Treffend sagt daher Kant:

---

[1]) „Natur“ S. 34 ff., 57. Vgl. auch „Welt“, Bd. II S. 372 ff.

„Die Zweckmäßigkeit ist erst von unserem Verstande in die Natur gebracht worden, welcher daher ein Wunder anstaunt, welches er selbst vollbracht hat.“[1]) Auch die Reizhandlungen sind, da sie stets unbewußt vollführt werden, nicht „zweckmäßig“, sondern nur objektiv vorteilhaft. Daß sie dies unter allen Umständen sein müssen, folgt aus ihrem bloßen Dasein, indem die natürliche Entwicklung sie nicht ergriffen haben würde, wenn sie für ihre Vollbringer schädlich gewesen wären. Denn gleichviel, ob man ihre Entstehung auf Auslese oder Übungsvererbung zurückführt, so setzen offenbar beide Gesetze die allgemeine Nützlichkeit der ausgelesenen oder angewöhnten Bewegungen voraus. Übrigens dürfte der lebhafte Streit um diese beiden Entstehungsquellen,[2]) welchen wir später, bei Beschreibung der Instinkthandlungen, nochmals begegnen werden, vielleicht in der Weise zu begleichen sein, daß man Übungsvererbung nur bei Reizhandlungen höherer Tiere zuläßt, welche infolge ihrer Bewußtseinsfähigkeit imstande sind, durch bewußt zweckmäßiges Handeln den Grund zu unbewußt nützlichen Gewohnheiten zu legen; auf diese Weise können beispielsweise die beim Husten und Niesen stattfindenden Muskelbewegungen entstanden sein, indem sie ursprünglich absichtlich angewendet wurden, um einen Fremdkörper aus der Luftröhre oder aus der Nase zu entfernen.[3]) Dagegen wird man die große Mehrzahl aller Reizhandlungen auf die natürliche Auslese von nur zufällig nützlichen Handlungen zurückführen dürfen. Jedenfalls hat jede Reizhandlung eines Tieres die nützliche Folge, daß sie ent-

[1]) Angeführt von Schopenhauer „Natur“ S. 57.
[2]) Ausführlich erörtert von Romanes „Darwin“, Bd. II S. 72 ff.
[3]) Vgl. Darwin „Gemütsbewegungen“ S. 35 ff., 141.

weder fördernd der Erhaltung des Lebens dient, oder eine Gefahr beseitigt. So wird z. B. schon von den niedersten Tieren, bei welchen bewußtes Handeln nicht in Frage kommt, geeignete Nahrung aufgenommen und ungeeignete abgelehnt, das Licht gesucht oder gemieden, die Wirkung der Wärme und der Kälte durch Ausdehnung oder Zusammenziehung der Haut abgeschwächt, eine Berührung durch Ausweichen oder Zusammenziehung abgewehrt, und durch alle diese Handlungen ein Nutzen im Verhältnis zu dem vorausgegangenen Reize erlangt. Denn, obwohl diese niedersten Tiere, in Ermanglung besonderer Sinneswerkzeuge und Nerven, ganz auf die allgemeine Reizbarkeit der Außenseite ihres Körpers angewiesen sind, werden sie durch derartige Reize veranlaßt, ihre Wurzelfüße, Geißeln oder Wimpern zu bewegen, und sich hierdurch einem nützlichen Reize zu nähern, oder einem schädlichen auszuweichen, sowie in anderen Fällen durch Sichzusammenziehen oder durch Ausscheidungen einen Vorteil zu erreichen.[1]) Medusen und Seesterne, mit welchen besonders eingehende Versuche angestellt worden sind, besitzen zwar Nerven, aber keine besonderen Sinneswerkzeuge; trotzdem folgen sie lebhaft einem beweglichen Lichtstrahl, und der Seestern sogar einer vorgehaltenen Speise, welche er also auf irgend eine Weise wahrnehmen muß. Überhaupt werden die Reizhandlungen mit der Entwicklung von Nerven, welche bekanntlich zuerst bei den Nesseltieren und Rippenquallen vorkommen, immer zahlreicher und mannigfacher; aber an ihrer allgemeinen Nützlichkeit wird hierbei ebensowenig etwas geändert, wie an ihrem ewig einförmigen Verlaufe.

---

[1]) Vgl. Dr. Lucas „Psychologie der niedersten Tiere" S. 33 ff., 95 ff.

Wenn man gegen diese allgemeine Nützlichkeit geltend gemacht hat, daß z. B. bei gewissen Versuchen an niedersten Tieren ein schädlicher chemischer Reiz nicht abstoßend, sondern sogar anziehend wirkte, so hat es sich hierbei jedenfalls um Reize gehandelt, welchen das Tier in seinem natürlichen Leben nicht ausgesetzt war, und welche daher nicht in die nützliche Entwicklung aufgenommen werden konnten.

Obwohl, wie gesagt, auf allen Stufen der Tierwelt zahlreiche und wichtige Reizhandlungen vollführt werden, so sind diese doch gerade bei den niedersten Tieren von besonderem Interesse, weil sie deren gesamtes Vorstellen und Handeln einschließen. Der Tatsache des Vorstellens ist nun einmal auch hier nicht auszuweichen, weil die Entstehung einer ganz bestimmten Bewegung infolge eines bestimmten Reizes auf keine andere Weise erklärt werden kann. Wie könnte z. B. in dem soeben erwähnten Beispiele der Seestern der ihm vorgehaltenen Seekrabbe in verschiedenen Richtungen nachkriechen, wenn nicht in seinen Nerven zugleich der Nahrungsreiz und die Annäherung an diesen vorgestellt würden? Wenn ein bewußtseinsfähiges Tier, z. B. ein Hund, ganz dieselbe Handlung ausführt, so bezweifeln wir keinen Augenblick, daß sie durch die Lockung der Speise und das Verlangen, diese zu erlangen, also durch das Vorstellen von beiden, zustande kommt; mit welchem Recht will man diese Handlung beim Seestern anders auslegen, wie beim Hunde? Daß der Seestern nicht, wie dieser, zum Bewußtsein von Vorstellungen fähig ist, bleibt hierbei völlig ohne Bedeutung, da ja auch die Handlung des Hundes ohne Bewußtsein stattgefunden haben kann, z. B. bei einer ausgeprägten Gewohnheit; aber niemand wird glauben, daß dieser ohne Vorstellen so gehandelt haben könnte. Es bleibt daher nichts weiter übrig, als, auch diesen niedersten Tieren Wahrnehmung und Wollen zuzuschreiben, und freudig sollte man in diesen bescheidenen Lebensäußerungen die ersten Regungen aufkeimenden Seelenlebens begrüßen, statt dieses, etwa im Interesse menschlicher Hoheitsansprüche, auf Kosten klarer Beobachtung und sicherer Schlußfolgerung gewaltsam in Abrede zu stellen.

Wenn wir daher nunmehr auf Grund aller dieser Tatsachen eine Begriffsfeststellung für die Reizhandlungen suchen, so werden wir sie zunächst als Handlungen, d. h. auf Vorstellungen beruhende Bewegungen von Tieren (und Pflanzen), bezeichnen. Es erscheint geradezu unbegreiflich, daß man statt dessen, und zwar fast ausnahmslos,[1]) zur Definition der Reizhandlungen nur die „Leitung“ oder „Übertragung“ eines Reizes von Sinnes- auf Bewegungsnerven und Muskeln hervorhebt, also im besten Falle den anatomischen Verlauf beschreibt, ohne den Kern des ganzen Vorganges auch nur anzudeuten. Da aber die Erklärung eines Begriffes nicht darin besteht, daß man seine sichtbare Erscheinung äußerlich beschreibt, sondern darin, daß man den ihm übergeordneten allgemeineren Begriff feststellt und sodann seine besonderen Merkmale hervorhebt, so erscheint die „Definition“ der Reizhandlungen als „Übertragung von Nervenerregung“ völlig wertlos. Statt dessen werden wir sie nach dem Obigen allgemein als Handlungen von Tieren bezeichnen, und ihre besonderen Merkmale in den soeben erörterten Eigenschaften der Unbewußtheit, Einförmigkeit und Nützlichkeit erblicken. Reizhandlungen sind daher diejenigen unbewußten Handlungen der Tiere, welche, durch einen Reiz der Außenwelt hervorgerufen, stets ein-

[1]) Selbst Darwin begeht diesen Fehler, vgl. „Gemütsbewegungen“ S. 30.

förmig verlaufen und der Erhaltung des Lebens dienen. Denn auch die oben erörterte Tatsache, daß diese Handlungen nicht an Gehirnvorstellungen gebunden sind, sondern in untergeordneten Nervenverbindungen, oder, wo auch diese fehlen, lediglich in der Haut oder im äußeren Körper niederster Tiere, entstehen, gehört nicht in die Begriffserklärung der Reizhandlungen, weil sie lediglich die Tatsache ihrer Unbewußtheit anatomisch bestätigt. —

II.

Die Instinkthandlungen.

1. Das Wesen der Instinkte.

Da instinguere lediglich antreiben bedeutet, so könnte man das Wort „Instinkt“ sehr wohl mit „Naturtrieb“ übersetzen; indessen ist dieser Ausdruck zu allgemein gebräuchlich geworden, als daß es einstweilen angezeigt wäre, ihn gänzlich aufzugeben. Im Gegensatze zu den Reizhandlungen beruhen daher die Instinkthandlungen meist auf selbständigen Vorstellungen, welche unabhängig von äußeren Reizen, auftreten und aus eigener Kraft gebieterisch die entsprechenden Handlungen herausfordern. So meldet sich beispielsweise der Instinkt der Begattung bei allen Tieren alljährlich von selbst zu feststehenden Zeiten, und der Wandertrieb der Zugvögel erwacht wesentlich unabhängig von Witterungsverhältnissen zu bestimmten Zeitpunkten, welche bei den einzelnen Arten bekanntlich sehr verschieden sind, aber ziemlich streng eingehalten werden. Indessen gibt es auch Instinkte, welche ihrer Natur nach erst zufolge eines äußeren Reizes in Tätigkeit treten, wie z. B. der Instinkt der Furcht, und die hiermit zusammenhängenden Sicherungsinstinkte, wie die Flucht und das Sichverbergen. Die Instinkthandlungen unterscheiden sich von den Reizhandlungen ferner dadurch, daß sie nicht, wie diese, stets einförmig, sondern, durch ihre bewußte Anpassung an die besonderen Verhältnisse jedes einzelnen Falles, in unendlicher Mannigfaltigkeit verlaufen. Dagegen gleichen sie diesen Handlungen darin, daß auch sie der Erhaltung des Lebens dienen, indem sie stets allgemein nützlich für das handelnde Tier sind, und ferner in der Unbewußtheit sowohl ihres ersten Antriebes, wie ihres Erfolges, während, wie wir sehen werden, die Handlungen selbst wesentlich durch durch bewußtes Vorstellen bestimmt werden.

Ohne auf die zahlreichen verschiedenen Erklärungsversuche einzugehen, welche, wie Wundt bemerkt, „eine wahre Mustersammlung widersprechender Ansichten" bilden, dürfen wir hiernach behaupten, daß die Instinkte angeborene, und nach ihrem Antriebe und Erfolge stets unbewußte, Willensvorstellungen der Tiere sind, welche der Erhaltung des Lebens dienen, indem die durch sie erfolgten Handlungen stets von Nutzen für das Tier oder dessen Nachkommenschaft sind. Daß hiermit eine erschöpfende Erklärung geliefert wird, ergibt sich aus folgendem:

1. Daß die Instinkte in Vorstellungen der Tiere bestehen, wird nach dem oben Gesagten nicht der weiteren Ausführung bedürfen, wonach jede, gleichviel wie geartete, Regung eines Tieres als dessen Vorstellung eintritt. Inwieweit hierbei Bewußtsein mitwirkt, werde ich sogleich erörtern; aber die Tatsache, daß dieses die menschlichen Handlungen in so weitem Umfange beherrscht, hat zu der, so gänzlich verkehrten, Auffassung geführt, daß der Mensch überhaupt keine Instinkte besäße, während in Wahrheit sein ganzes Dasein in jedem Augenblicke so sehr von solchen abhängt, daß es ohne sie nicht bestehen könnte. Denn, wie sehr der Mensch auch durch seine Sprache, Wissenschaft, Kunst und Weisheit die Tierwelt überragt, so sind doch alle diese Errungenschaften für die Erhaltung des natürlichen

Lebens bedeutungslos gegenüber den Instinkten, welche er mit allen Tieren teilt, und anderen, welche er hinzuerworben hat. Denn unter Anwendung der obigen Begriffsbestimmung, und bei ihrer Erweiterung auf das sittliche Handeln, werden wir keine Bedenken tragen, auch die jedem Menschen angeborenen, wenn auch gegenüber der Not und Verführung des Lebens vielfach zurücktretenden, sittlichen Triebe, wie z. B. Redlichkeit, Gehorsam gegen die Gesetze, Vaterlandsliebe, Ehre sowie Liebe zu Eltern und Geschwistern, welche ja nicht, wie die Mutterliebe, schon ein tierischer Instinkt ist, als echte Instinkte zu bezeichnen.

2. Auch, daß die Instinktvorstellungen angeboren sind, sollte nicht des Beweises bedürfen, muß jedoch ausdrücklich festgestellt werden, weil man, und zwar auch in wissenschaftlichen Werken, viele Instinkthandlungen auf die Erziehung der jungen Tiere durch die Eltern zurückführt, während diese doch überall nur eine ganz untergeordnete Bedeutung haben kann. So pickt das junge Huhn schon zwei bis drei Stunden, nachdem es aus dem Ei gekrochen ist, auf der Erde nach Nahrung; es schnappt nach Insekten, kratzt den Boden, folgt dem Rufe der Mutter und duckt sich bei nahender Gefahr, z. B. wenn es die Stimme eines Raubvogels hört.[1]) Jeder junge Vogel baut das Nest seiner Art ebenso kunstvoll, wie ein alter, und betreibt das so verwickelte Fortpflanzungsgeschäft durch Begattung, Brüten, Füttern und Beschützen der Jungen unabhängig von aller, hierbei ja auch gar nicht möglichen, Belehrung und Erfahrung. Bei fast allen Arten der Zugvögel treten die jungen Vögel den Herbstzug selbständig vor den Alten

---

[1]) Über interessante Versuche mit jungen Hühnchen berichtet Romanes „Geistige Entwicklung" S. 171 ff.

an, während diese der Mauserung wegen nicht genügend flugfähig, oft auch mit einer zweiten Brut beschäftigt, sind. Eine Ausnahme von dieser Regel macht nur der Kuckuck, indem hier die Alten wegziehen, ehe die jungen Vögel, um welche sie sich ja nicht kümmern, flügge sind; aber auch der junge Kuckuck ist deshalb für den Wanderflug ganz auf die angeborenen, ihm durch keine Belehrung oder Erfahrung zukommenden, Vorstellungen des Zuginstinktes angewiesen, wenn er einige Monate später allein die Wanderreise antritt. Da alle diese jungen Vögel den weiten Flug dann zum erstenmal in ihrem Leben und ohne Führung zurücklegen und sicher die Winterherbergen ihrer Art erreichen, können es nur angeborene Instinktvorstellungen sein, von welchen sie hierbei geleitet werden. Daß junge Vögel, welche in der Gefangenschaft ausgebrütet sind, die Kunst des Fliegens verstehen, sobald sie nur ihr Federkleid ausgebildet haben, ist bekannt; sie können dies daher nur nach angeborenen Instinktvorstellungen tun. Junge Spinnen, Bienen und Ameisen vollführen ihre, so über alle Massen kunstvollen, Werke ebenso sachgemäß, wie die alten dies tun. Junge Säugetiere suchen unmittelbar nach der Geburt die mütterlichen Brüste zu erreichen und saugen sofort hieran. Die Feindschaft zwischen Hunden und Katzen äußert sich schon bei ganz jungen Tieren dieser Arten. Die vielen Insekten, welche aus Puppen hervorgehen, betätigen sofort nach ihrem Ausschlüpfen selbständig alle Gewohnheiten ihrer Art, wobei ja Belehrung oder Erfahrung gar nicht in Frage kommen können. Alle diese Beispiele, denen zahllose andere hinzugefügt werden können, stellen es doch außer Zweifel, daß die Handlungen junger Tiere nur durch die angeborenen Vorstellungen, welche wir Instinkte nennen, geleitet werden, wobei Belehrung seitens der Eltern allenfalls nachhelfend mitwirken, aber niemals

als Antrieb von irgend einer Bedeutung sein kann. Trotzdem wird vielfach entscheidender Wert hierauf gelegt; beispielsweise führt Weismann bei den Vögeln nicht nur das Wandern, sondern sogar die Kunst des Fliegens wesentlich hierauf zurück.[1]) Auch die Nachahmung von Handlungen alter Tiere durch junge kann daher bei Betätigung der Instinkte keine nennenswerte Rolle spielen; jedenfalls aber ist der Trieb hierzu selbst wiederum, insoweit sie wirklich stattfindet, ein Instinkt, und daher ebenfalls angeboren.

3. Die allgemeine Nützlichkeit aller Instinkthandlungen ist überall zu klar ersichtlich, um einer Bestätigung durch Beispiele zu bedürfen; sie folgt aber auch, gleich derjenigen der Reizhandlungen, unabhängig von aller Beobachtung, aus dem Entwicklungsgesetz. Denn gleichviel, ob ein bestimmter Instinkt durch natürliche Auslese zufälliger Nutzhandlungen, oder durch die Angewöhnung bewußt nützlicher, also zweckmäßiger, Handlungen entstanden ist, so konnte offenbar jeder dieser Vorgänge nur eintreten, wenn die grundlegenden Handlungen während einer Reihe von Geschlechtern objektiv nützlich für die so handelnden Tiere waren. Von diesen beiden Entstehungsursachen der Instinkte wird später ausführlicher die Rede sein; es genügt, sie zu nennen, um die unbedingte, allgemeine Nützlichkeit aller Instinkthandlungen außer Frage zu stellen. Wenn daher ein frommer Engländer den schönen Ausspruch getan hat:

> „Der Instinkt ist eine Gabe, welche Gott den Tieren verliehen hat, auf daß der Mensch durch sie der gröbsten Arbeit in der Natur überhoben werde“,[2])

---

[1]) „Über das Wandern der Vögel“, Berlin 1878, S. 35.

[2]) Angeführt von Romanes „Darwin“, Bd. I, 336.

so zeigt diese, ja leider keineswegs vereinzelte, Auffassung, wieweit die Verkennung allen natürlichen Geschehens gedeihen kann.

Dagegen ergibt sich aus dieser Erklärung der allgemeinen Nützlichkeit aller Instinkthandlungen zugleich die Einschränkung, daß sie bei jedem Instinkte nur für diejenigen Lebensverhältnisse zutreffen kann, welchen dieser seine Entstehung verdankt, so daß Instinkthandlungen unter wesentlich veränderten Lebensbedingungen unmittelbar schädlich wirken können. Denn eine derartige Veränderung, wie sie z. B. durch Auswandern in eine entfernte Gegend eintreten muß, kann tiefwurzelnde, und daher ohne Zweifel auch körperlich gestaltete, Instinkte unmöglich ganz plötzlich, sondern nur ganz allmählich abändern. Auf diese äußerst wichtigen Entwicklungserscheinungen werde ich später zurückkommen; hier soll nur festgestellt werden, daß die dadurch eintretende vorübergehende Schädlichkeit von Instinkthandlungen nur scheinbar eine Ausnahme von dem Gesetze ihrer allgemeinen Nützlichkeit darstellt. Unter diesem Gesichtspunkte müssen daher alle überwiegend schädlichen Handlungen von Tieren beurteilt werden; wenn beispielsweise einige Tiere beim Herannahen eines Feindes laut schreien, und sich diesem hierdurch verraten, oder andere Tiere, wie z. B. der norwegische Flemming und manche Insektenschwärme, völlig planlose Wanderungen antreten, durch welche sie in sicheres Verderben gestürzt werden, so dürfen wir, wie schon Darwin bemerkt, annehmen, daß diese schädlichen Handlungen unter dem Einflusse der natürlichen Auslese mit der Zeit verschwinden und vorteilhafteren Handlungen Platz machen werden, also noch nicht als echte Instinkte, sondern als unvollkommen entwickelte Gewohnheiten angesehen werden müssen. Ebenso verfehlt ist der Hinweis auf das „Irren“ von Instinkten, auf welches man vielfach Wert legt, um deren allgemeine Nützlichkeit zu widerlegen. Man bezeichnet hiermit bekanntlich Handlungen der Tiere, welche den ihnen zugrunde liegenden Instinkten nicht entsprechen, z. B. wenn ein Vogel auf untergeschobenen Kalkkugeln brütet, ein Insekt auf einer ihm untergeschobenen Glasplatte zu graben sucht, und Ähnliches.[1]) Aber solche Täuschungen konnte doch natürlich die angeborene Instinktvorstellung nicht ausschließen, und selbst das bewußte Urteil der Tiere konnte ihnen leicht unterliegen, weil sie im natürlichen Leben der Tiere nicht vorkamen, auch die Instinktbegehrungen stets so heftig sind, daß sie durch Bewußtsein nicht leicht beeinflußt werden; hiervon wird noch ausführlich die Rede sein.

4. Sehr streitig ist bekanntlich die Frage, ob überhaupt, oder inwieweit, bei den Instinkthandlungen Bewußtsein in Frage kommt. Aber die sehr verbreitete Annahme, daß dieses hierbei überhaupt nicht eintrete, wird durch die Tatsache widerlegt, daß sich jede verwickeltere Instinkthandlung besonderen Verhältnissen anpaßt, welche in jedem einzelnen Falle verschieden sind, und daher nur durch bewußtes Urteil vorteilhaft berücksichtigt werden können. Was würde sonst z. B. die Flucht vor einer Gefahr nützen, wie würde sie überhaupt ohne bewußte Verwertung der besonderen Umstände des Einzelfalles stattfinden können? Von einem gänzlichen Ausschluß bewußten Handelns kann daher nicht die Rede sein. Aber auch das allgemeine Zugeständnis Darwins, daß bei allen Instinkthandlungen „eine kleine Dosis Urteil oder Vernunft immer mitspreche“,[2]) und sie hierdurch „kontrolliert“

---

[1]) Vgl. Weismann „Vorträge über Deszendenztheorie“, Jena, 1904, Bd. I S. 120.

[2]) „Arten“ S. 265.

würden,[1]) dürfte ganz ungenügend und in dieser Allgemeinheit viel zu unbestimmt sein; ebenso ist mit der unbestimmten Bemerkung von Romanes, daß „ein Bewußtseinselement" in den Instinkthandlungen vorhanden sei, welche im übrigen nur „Reflextätigkeit" seien,[2]) wenig anzufangen. Dagegen ist die Bemerkung von Wundt, daß die Instinkthandlungen „in der Mitte zwischen den zusammengesetzten Reflexhandlungen und Willenshandlungen stehen",[3]) nicht nur ebenso unbestimmt, sondern sie dürfte sogar gänzlich unrichtig sein, da offenbar auch die Instinkthandlungen Willenshandlungen sind. Ähnlich bemerkt Professor Konrad Günther in seinem Werke „Der Darwinismus und die Probleme des Lebens",[4]) die Instinkthandlungen seien „keine Willenshandlungen, sondern komplizierte Reflexe", und sogar Weismann läßt sich zu dieser Verkennung des, jeder tierischen Handlung zugrunde liegenden, Wollens verleiten;[5]) aber wie könnten alle diese Handlungen zustande kommen, ohne gewollt zu werden? Statt aller dieser, und der vielen ähnlichen, sehr unbestimmten Entscheidungen der Frage nach dem Bewußtsein der Instinkthandlungen dürfen wir annehmen, daß unbewußt hierbei nur sind:

1. der erste Antrieb zu dem bestimmten Handeln,
2. dessen zukünftiger Nutzen,
3. diejenigen Bestandteile der einzelnen Instinktbetätigung, welche gewohnheitsmäßig stattfinden,

während diejenigen Einzelhandlungen, welche die Anpassung an besondere Verhältnisse erfordern, durch be-

---

[1]) „Abstammung" S. 105.
[2]) „Geistige Entwicklung" S. 171.
[3]) S. 468, vgl. auch S. 472 ff.
[4]) Freiburg i. Br. 1905, S. 201.
[5]) „Vorträge über Deszendenztheorie", Jena 1904, S. 61, 64.

wußtes Vorstellen bestimmt werden, vorausgesetzt natürlich, daß es sich um Tiere handelt, welche überhaupt fähig sind, bewußt zu handeln, da andernfalls an die Stelle bewußter Anpassung die ewige Einförmigkeit der Reizhandlungen tritt, von welcher oben die Rede gewesen ist. Einige Beispiele werden die Richtigkeit dieser Scheidung zwischen unbewußten und bewußten Bestandteilen der Instinktbetätigung bestätigen.

So besteht der Instinkt der Ernährung in der angeborenen Willensvorstellung der Tiere, bestimmte Stoffe in sich aufzunehmen. Dieser Trieb macht sich unbewußt schon bei ganz jungen Tieren als Hunger geltend, und von dem Nutzen der Nahrungsaufnahme, welcher ja erst durch die überaus verwickelten Vorgänge des Verdauens eintritt, wissen sie ebenfalls nichts; auch werden die einzelnen Ausführungshandlungen zum großen Teile unbewußt stattfinden, weil der Willen hierzu ebenfalls triebartig eintritt, nämlich entweder als angeborene Gewohnheit der Art, oder als persönlich erworbene Gewohnheit des einzelnen Tieres. Dagegen kann die, in jedem Falle verschiedene, Berücksichtigung besonderer Umstände beim Suchen nach Nahrung offenbar nur durch bewußte Überlegung erfolgen. — Beim Nestbau der Vögel tritt, wenn ein junger Vogel zum ersten Male in seinem Leben hierzu schreitet, das Verlangen, das, nach Örtlichkeit, Stoff und Form ganz genau bestimmte, Nest seiner Art zu bauen, als angeborene und unbewußte Vorstellung ein; denn der Vogel wird hierbei durch keine Erfahrung oder Belehrung beeinflußt, und der Trieb zum Nestbau tritt ohne sein Zutun, d. h. ohne seine bewußte Absicht, ein. Ebenso kann er von dem zukünftigen Nutzen des Nestes und dessen besonderen artgemäßen Eigenschaften offenbar nicht die entfernteste Kenntnis haben, und auch viele beim Nestbau erforderlichen

Gewohnheitshandlungen, wie z. B. das Fliegen, vollzieht er ebenfalls unbewußt. Dagegen kann der Vogel nur durch bewußte Überlegung den seinem Neste entsprechenden Stoff aufsuchen, auswählen und zur Baustelle tragen. Wenn er ferner die, seiner Art eigene, Stellung des Nestes auf der Erde, in einem Strauche, auf einem Baume oder in einem Baumloche anwenden soll, so gehört hierzu eine bewußte Auswahl zwischen zahlreichen verschiedenen Möglichkeiten, dies zu tun. Endlich ist er oft gezwungen, noch ganz besondere Verhältnisse vorteilhaft zu berücksichtigen, und dies geschieht in weitem Maße; z. B. baut unser bekanntes Goldhähnchen ein verschiedenes Nest, je nachdem dieses durch dichtes Laubwerk vor Regen und zu starker Sonne geschützt ist, oder nicht, indem der Vogel es im letzteren Falle oben mit einem festen Dache versieht und an der Seite einen besonderen Eingang baut.[1]) Von dem amerikanischen Pirol berichtet Wallace, daß sein Nest eine sehr tiefe Form hat, wenn er es an einen schwankenden Zweig hängt, während es ganz flach ist, wenn es an einem starken Aste sitzt.[2]) Es ist klar, daß zu allen diesen Maßnahmen nicht die allgemeine Vorstellung von dem artgemäßen Neste genügt, sondern bewußte Berücksichtigung vieler besonderer Umstände erforderlich ist. — Daß beim Vogelzuge die, im ersten Herbste ihres Lebens vor den alten aufbrechenden, jungen Vögel nicht durch Anstoß und Belehrung der Eltern, sondern allein durch den unbewußten Wandertrieb aufgescheucht werden, habe ich bereits soeben hervorgehoben; aber auch von dem Nutzen des Zugunternehmens können sie offenbar nicht die entfernteste Vorstellung haben, zumal sie gerade im Herbste, inmitten der

---

[1]) Büchner „Aus dem Geistesleben der Tiere" S. 25.
[2]) Vgl. ebendas. S. 26.

reichen Nahrung wegziehen, welche dann die mit ihren Jungen schwärmenden Insekten, die Beeren an Bäumen und Sträuchern und die Samen der Pflanzen bieten. Auch über den Zeitpunkt und die Himmelsrichtung ihres Fluges können sie keine Erfahrung oder erlernte Kenntnis besitzen. Dagegen würden sie den mannigfachen Gefahren des Zuges, wie jähen Wetterstürzen und schweren Stürmen, noch viel weniger gewachsen sein, als dies ohnehin der Fall ist, wenn sie nicht in der Lage wären, sich durch bewußtes Urteilen wenigstens teilweise, z. B. durch geringen Aufschub des Zuges und Abweichung von der artgemäßen Richtung, zu schützen; auch die besondere Wahl des Aufenthaltes in der, ihnen völlig unbekannten, südlichen Winterherberge erfordert bewußtes Nachdenken, da die angeborene Instinktvorstellung ihnen den neuen Aufenthaltsort, über welchen sich ja jede einzelne Art auch ebenso weit zerstreut, wie in der nördlichen Heimat, doch nur im allgemeinen anweisen kann. — Der Instinkt der Furcht endlich, um noch ein letztes Beispiel zu nennen, besteht bei jedem Tiere in der angeborenen und unbewußten Vorstellung einer Gefahr beim Anblick ganz bestimmter Erscheinungen, namentlich ganz bestimmter anderer Tiere, deren Feindschaft und Verfolgung diesen Instinkt erzeugt haben. Wie völlig unbewußt dieses Gefühl einzutreten pflegt, wissen wir von uns selbst, da wir uns oft sogar lebhaft dagegen sträuben. Während wir aber meist den Grund der Furcht, nämlich die Art der Gefahr, durch Erfahrung oder Belehrung kennen, kann ein junges Tier in keinem Falle von den einzelnen Gefahren, welche ihm drohen, bewußte Kenntnis besitzen, z. B. wissen, welche von den anderen Tieren seine Feinde sind; und doch werden diese durch die angeborene und unbewußte Instinktvorstellung mit völliger Sicherheit unterschieden. Ebensowenig kann ein junges Tier eine bewußte Kenntnis von dem Nutzen haben, welchen die einzelnen, ihm zur Verfügung stehenden Rettungsmittel bieten können. Beispielsweise weiß es nicht, ob der Feind ihm an Kraft oder an Schnelligkeit überlegen ist; und doch wird es zwischen den verschiedenen Schutzmitteln, z. B. Flucht, Sichverbergen oder Gegenwehr, stets, seiner eigenen Natur entsprechend, vorteilhaft wählen. Dagegen muß das Tier zur Anwendung jedes dieser Rettungsmittel über viele Umstände bewußt urteilen, z. B. bei der Flucht eine vorteilhafte Richtung einschlagen und, um sich zu verbergen, ein wirklich schützendes Versteck aufsuchen; das bekannte „Sichtotstellen", welches gegenüber einer plötzlichen Gefahr namentlich bei Insekten, Spinnen und Käfern, aber auch bei Reptilien, Vögeln und kleinen Säugetieren vorkommt, dürfte jedoch nicht als ein bewußtes Schutzmittel, sondern entweder als bloße Reizhandlung, oder als eine plötzliche Lähmung zu beurteilen sein.

Man kann daher ganz allgemein sagen, daß bei den Instinkthandlungen die Fragen „ob" und „weshalb" der bewußten Überlegung der Tiere entzogen sind, und diese nur über das „wie" zur Mitwirkung berufen ist, indem den Tieren nur die vorteilhafte Ausführung der unbewußt eintretenden Instinktvorstellungen bewußt und daher der Gegenstand zweckmäßigen, d. h. bewußt vorteilhaften, Handelns wird. Aber auch bei dieser Unterscheidung ist noch zu berücksichtigen, daß selbst die Ausführungshandlungen meist viele unbewußte Bestandteile enthalten werden, weil sie oft gewohnheitsmäßig stattfinden. Es ist daher überaus verkehrt, wenn man ganz allgemein darüber streitet, ob die Instinkthandlungen bewußt oder unbewußt ausgeführt werden, statt deren gänzlich verschiedene einzelne Bestandteile daraufhin zu untersuchen. Das Wort „Instinkt“ wird hierbei geradezu als „unbewußtes Handeln“ ausgegeben, so daß häufig die Frage erörtert wird, ob die bestimmte Handlung eines Tieres „aus Instinkt“ oder „aus Vernunft“ vollführt worden sei. Aber abgesehen davon, daß hierbei die Frage nach dem Bewußtsein bei einer bestimmten Instinktbetätigung viel zu allgemein und ganz unrichtig behandelt wird, kann man von „Instinkt“ als einer allgemeinen Eigenschaft oder Fähigkeit der Tiere ebensowenig sprechen, wie von einem allgemeinen Vorstellen oder Wollen. Wie auch bei diesen Vorgängen stets an einen bestimmten Inhalt oder Gegenstand der Vorstellungen oder Willenshandlungen gedacht werden muß, so kann man auch nur von bestimmten einzelnen Instinkten eines Tieres sprechen; denn bekanntlich hat jedes Tier zahlreiche Instinkte. Man sollte daher bei allgemeiner Anwendung dieses Begriffes immer nur in der Mehrzahl von „den Instinkten“ sprechen und ihn in der Einzahl nur unter Hinzufügung seines besonderen Inhaltes, wie z. B. Ernährung, Furcht, Wandern usw., gebrauchen. Auch das Wort „instinktiv“ in dem Sinne von „unbewußt“ ist daher zu verwerfen; denn wenn man, wie hierbei doch beabsichtigt wird, von einer Handlung aussagt, sie sei „nach Art der Instinkthandlungen“ vollführt worden, so folgt hieraus keineswegs, daß sie unbewußt gewesen sein muß, da die Instinkthandlungen in überaus verschiedener und wechselvoller Weise vom Bewußtsein durchsetzt sind, wie ich dies soeben gezeigt habe. Daher enthält auch der so bestechend klingende Satz, welchen E. v. Hartmann an die Spitze seiner Instinktlehre stellt:

---

[1]) „Philosophie des Unbewußten“ S. 70ff.

„Instinkt ist zweckmäßiges Handeln ohne Bewußtsein des Zweckes“,[1])

eine ganze Reihe von Irrtümern; er könnte nur lauten: „Die Instinkthandlungen sind für die Tiere vorteilhaft, obwohl diese keine bewußte Kenntnis von deren zukünftigem Nutzen haben.“ Aber selbst dieser Satz würde, ebenso wie der Hartmannsche, nicht eine erschöpfende Begriffsfeststellung, sondern nur die Bezeichnung eines einzelnen Merkmals der Instinkthandlungen enthalten, welche Hartmann zudem mit den Instinkten *selbst* verwechselt.

Obwohl daher über die Grenzen des Bewußtseins bei den Instinkthandlungen der Tiere gewisse allgemeine Gesetze aufgestellt werden können, so wird es im einzelnen Falle doch oft zweifelhaft sein, inwieweit jenes obgewaltet hat; und zwar wird diese Feststellung um so schwieriger sein, je älter das Tier ist, dessen Handlung in Frage kommt, da mit zunehmendem Alter persönliche Erfahrungen das *bewußte* Vorstellen, zugleich aber persönlich erworbene Gewohnheiten das *unbewußte* Handeln, erweitern. Dieser Vorgang bildet daher ein Gleichnis zu Haeckels „biogenetischem Grundgesetz“. Wie das junge Tier anfangs überwiegend nach seinen angeborenen Vorstellungen, also in der Betätigung seiner verschiedenen Instinkte, handelt, und sodann das Bewußtsein ein immer weiteres Gebiet seiner Vorstellungen erobert, so setzt sich das gesamte Leben der Tierwelt ursprünglich nur aus unbewußten Handlungen zusammen, bis mit ihrer fortschreitenden Vervollkommnung allmählich das Licht des Bewußtseins, als die feinste Blüte der geistigen Entwicklung, aufdämmert, um sodann sein Herrschaftsgebiet auf Kosten jener immer mehr zu erweitern. Wenn man daher entscheiden will, inwieweit die bestimmte Handlung eines, zu bewußtem Vorstellen fähigen, Tieres diesem bewußt oder unbewußt gewesen ist, so wird man neben dessen allgemeiner „Bildungsstufe“ auch sein Lebensalter berücksichtigen müssen, um hiernach über den voraussichtlichen Einfluß von Erfahrung und Gewohnheit urteilen zu können. Sodann wird zu prüfen sein, inwieweit die bestimmte Handlung durch allgemeine Vorstellungen, also unmittelbar durch einen bestimmten Instinkt, herbeigeführt werden konnte, und inwieweit sie die Berücksichtigung besonderer, nicht allgemein obwaltender, Umstände, bekundet.

Eine eigentümliche Verkennung dieser fast selbstverständlichen Tatsache, daß die Ausbreitung des Bewußtseins im Vorstellen der Tiere auf Kosten ihres unbewußten Handelns stattfand, bekundet Herr Konrad Günther in seinem bereits oben genannten Werke,[1]) wenn er erklärt:

> „die Instinkthandlungen seien vom Verstande so unabhängig, daß die Tiere entweder einen hochausgebildeten Verstand oder vollkommene Instinkte besäßen“.

Offenbar ist hier der Verstand mit dem Bewußtsein verwechselt. Denn der Verstand, als die Fähigkeit zum folgerichtigen Denken, wird durch die Entwicklung von Instinkten nicht beeinträchtigt, und ebenso werden umgekehrt die Instinkthandlungen durch die Vervollkommnung des folgerichtigen Denkens nicht eingeschränkt, sondern vielmehr selbst vervollkommnet, indem sie hierdurch immer mannigfacher und verwickelter in ihren Mitteln werden; denn, abgesehen davon, daß diese Handlungen, wie wir gesehen haben, keineswegs gänzlich unbewußt sind, wird auch durch ihre Unbewußtheit keineswegs das folgerichtige Denken ausgeschlossen, wie ich ebenfalls oben gezeigt habe.

5. Als sehr bedeutsame Folgen der Unbewußtheit, mit welcher der erste Antrieb bei allen Instinkthandlungen ein-

[1]) „Der Darwinismus und die Probleme des Lebens“ S. 51ff.

tritt, sind noch die leidenschaftliche Heftigkeit der Instinktbegehrungen und die unfehlbare Sicherheit ihrer entscheidenden Handlungen hervorzuheben. Da nämlich jede Instinktvorstellung als ein unbewußter Trieb auftritt, so fehlt in ihrem Inhalte zunächst alles, was einen Zweifel oder eine Hemmung des Willens erzeugen könnte. Erst im bewußten Vorstellen treten diesem Hindernisse entgegen, ja, diese erzeugen jedenfalls meist erst Bewußtsein, indem sie sich als Störungen des unbewußten Begehrens aufdrängen. Dies kann entweder von außen, durch das Eintreten einer ungewöhnlichen Schwierigkeit oder Gefahr, oder von innen, durch den Widerstreit verschiedener, einander widersprechender Begehrungen geschehen. Wenn beispielsweise ein Tier in einem bestimmten Augenblicke gezwungen ist, zwischen der Befriedigung seines Hungers und derjenigen seines Geschlechtstriebes, oder zwischen einem dieser Triebe und seiner Sicherung vor einer gegenwärtigen Gefahr, zu wählen, so wird zwischen diesen einzelnen Trieben ein heftiger Widerstreit entstehen, wie wir ihn bei uns selbst von den mannigfachen Seelenkämpfen kennen, welchen wir dauernd ausgesetzt sind. Durch solche Störungen der sicheren Betätigung eines bestimmten Instinktes muß unbedingt das Bewußtsein lebhaft angeregt und zur Entscheidung angerufen werden; aber, wie machtlos es meist gegenüber dem heftigen Instinktwillen ist, zeigen z. B. die wilden Kämpfe aller Tiere um Nahrung und Begattung, wobei unbedenklich das Leben selbst geopfert wird. So tritt auch der Wandertrieb der Zugvögel mit so leidenschaftlicher Heftigkeit ein, daß sie inmitten reicher Nahrungsgelegenheit die sichere Brutstätte verlassen, um ungekannten Gefahren entgegenzufliegen; hierbei wird sogar unter Umständen der, so starke, Instinkt der Mutterliebe besiegt, indem es vorkommt, daß spät ausgebrütete Junge von der wegziehenden Mutter verlassen werden.[1]) Während aber der einzelne Ausfall solcher widerstreitenden Vorgänge in der Seele der Tiere an sich kein wissenschaftliches Interesse bietet, erlangt er in seiner Allgemeinheit dadurch eine ungeheure Bedeutung, daß er eine Quelle für neue Instinktbildungen wird, welche sich unter der Herrschaft nützlicher Entwicklung fortwährend vollziehen; hierauf werde ich sogleich zurückkommen.

Auch die unfehlbare Sicherheit, mit welcher jede Instinkthandlung angetreten und durchgeführt wird, hat ihre Grundlage in dem unbewußten, und daher jedem Zweifel entzogenen, Eintritt jedes Instinktbegehrens. Dieser erfolgt bei vielen Instinkten lediglich durch Zeitablauf, bei anderen hängt er von einem äußeren Reize ab, andere endlich sind dauernd ohne Unterbrechung rege. Das erste ist z. B. beim Geschlechtstriebe der Fall, welcher bei allen Tieren periodisch zu bestimmten Jahreszeiten eintritt; ferner beim Wandertriebe, dessen Eintritt man fälschlich auf äußere Einflüsse, z. B. bei den Zugvögeln, auf Windströmungen, zurückgeführt hat;[2]) auch beim Winterschlaf, welchem viele Tiere verfallen. Die vollendete Regelmäßigkeit und Pünktlichkeit, mit welcher sich alle diese Instinkte melden, kann offenbar nicht von der unsicheren Eingebung bewußten Vorstellens abhängen, für welches auch jeder äußere Anhalt fehlen würde, sondern nur in dem periodischen Eintritt körperlicher Veränderungen verbürgt sein, deren entwicklungsgeschichtliche Entstehung durch natürliche Auslese leicht verständlich ist, und welche ihrerseits die betreffenden unbewußten Instinktvorstellungen

[1]) Vgl. Darwin „Abstammung“ S. 138, 145.

[2]) Vgl. mein Buch „Der Zug der Vögel“ (Berlin H. Walter) 2. Auflage S. 143.

erzeugen; daß auch diese selbst nichts anderes sind, wie Körpervorgänge, habe ich ja oben lebhaft hervorgehoben. Gleich so vielen anderen periodischen Körpervorgängen, z. B. dem Wechsel des Haar- und Federkleides, treten daher diese Instinktvorstellungen in sicherer Anpassung an die ihnen entsprechenden Jahreszeiten ein; die überall durch und für den Nutzen der Tiere wirksame natürliche Entwicklung konnte offenbar kein anderes Ergebnis haben, indem sich z. B. nur diejenigen Tiere fortpflanzen konnten, deren Junge in einer für die Aufzucht günstigen Jahreszeit geboren wurden und ebenso z. B. nur diejenigen Vögel überleben konnten, welche sich zu jeder Jahreszeit in einer Gegend befanden, welche ihnen ausreichende Nahrung spendete. Die theologische und teleologische Auffassung der Welt lobt die Weisheit und Fürsorge des Schöpfers, durch welche für die Jungen aller Tiere überall rechtzeitig Nahrung bereit gehalten werde; aber sie vermag nicht, uns zu erklären, weshalb die Tiere gerade zu den geeigneten Zeitpunkten zur Begattung schreiten, von deren Folgen sie doch keine bewußte Vorstellung haben können. Wie klar und einfach enthüllt uns statt dessen das Entwicklungsgesetz auch hier die natürlichen Ursachen aller Vorteile, welche die Tiere überall durch die Art und auch durch die Zeitpunkte ihres Handelns unbewußt erlangen!

Andere Instinkte treten nicht von selbst durch den Ablauf bestimmter Fristen sondern nur durch bestimmte Reize der Außenwelt, ein; so die Furcht und ihre einzelnen Folgehandlungen. Endlich herrschen gewisse Instinkte ohne Unterbrechung, z. B. der Hunger, sowie der Trieb vieler Tiere zu künstlichen Werken oder zu geselligem Leben. Aber, gleichviel auf welche Art ein Instinktbegehren eintritt, dies geschieht stets mit einer Heftigkeit und Sicherheit, welche nur aus seinem unbewußten Auftreten zu erklären sind. Denn nur dieses ist stets frei von allem Zweifeln, Zaudern und Schwanken, während jede bewußte Vorstellung leicht verschiedene Möglichkeiten und Folgen ihrer Ausführung vorspiegelt, welche diese unsicher machen und unter Umständen ganz verhindern. Auch diesen ungeheuren Vorteil alles unbewußten Handelns können wir deutlich bei uns selbst erkennen, wenn wir an die lähmenden Zweifel denken, welche sich so leicht vor unsere bewußten Handlungen drängen; wie würde das Leben der Tiere bei ihrem nach Umfang und Klarheit so viel unvollkommneren Bewußtsein bestehen können, wenn sie auf dessen unsichere Hilfe, auch bei ihren wichtigsten Handlungen, ganz angewiesen wären? Ja, sie würden jedenfalls einen großen Teil dieser Handlungen ganz unterlassen, da ihnen das Bewußtsein meist nur eine Fülle persönlicher Nachteile und Gefahren zeigen kann, während die entfernten nützlichen Folgen ihnen nicht bekannt werden. Nur dadurch, daß jeder Instinkt rücksichtslos die Geißel schwingt, und jedes Tier seinen Instinkten beinahe „blind" gehorcht, ist das Leben dauernd verbürgt und sicher geschützt.

2. Die Entstehung der Instinkte.

Aber die leidenschaftliche Heftigkeit, mit welcher die Instinkte über die Tierwelt herrschen, gleicht in ihrer Bedeutung für das Leben des einzelnen Tieres einem zweischneidigen Schwerte. Denn allgemeine Nützlichkeit ist zwar die geschichtliche Entstehungsursache, und zugleich ein wesentliches Merkmal, der Instinkthandlungen; aber sie besteht nicht für alle Zeiten und für jede einzelne Handlung, sondern nur

1. zurzeit, d. h. so lange die äußeren Lebensbedingungen, unter welchen sich ein bestimmter Instinkt entwickelt hat, fortdauern, und

2. im allgemeinen, d. h. für die regelmäßigen Verhältnisse in der Außenwelt, welche ja leicht Störungen mannigfachster Art erleiden, sowie für die regelmäßige Veranlagung der Tiere, von welcher ebenfalls, mindestens bei den höheren Tieren, Abweichungen vorkommen. Beispielsweise haben sich beim Vogelzuge die Zugzeiten der einzelnen Arten so an deren Ernährungsverhältnisse angepaßt, daß im allgemeinen alle Vögel zu jeder Jahreszeit ihre Nahrung finden; aber dieses artgemäße Festhalten der bestimmten Zugzeiten wird vielen Vögeln leicht verhängnisvoll, wenn ausnahmsweise Witterungsverhältnisse eintreten, auf welche die strenge Herrschaft des Zuginstinktes keine Rücksicht nimmt. Denn das einzelne Tier ist jedem festgewurzelten Instinkte gegenüber zu schwach, um sich dessen Betätigung ohne weiteres zu entziehen, selbst, wenn bewußtes Urteil ihm Gefahren anzeigt, welche hiermit verbunden sind. Erst eine dauernde und überwiegende Schädigung vieler Tiere durch eine bestimmte Instinktbetätigung vermag die Starrheit eines nachteilig gewordenen Instinktes zu brechen, indem kühne Revolutionäre auftreten, welche sich erfolgreich dagegen auflehnen und hierdurch die Entstehung neuer Instinkte anbahnen. Auch für diese kommen daher, wie bei den Reizhandlungen, zwei verschiedene Entwicklungsvorgänge in Betracht, welche bereits Darwin so erschöpfend beschrieben hat, daß es genügt, darauf hinzuweisen. Es sind

1. die soeben erwähnte Übungsvererbung bewußt vorteilhafter, und erst durch ihre Angewöhnung unbewußt werdender, Handlungen;

2. die natürliche Auslese von Handlungen, welche zufällig, d. h. ohne Kenntnis des Tieres von dem nützlichen Erfolge einer bestimmten Art zu handeln, vorteilhaft waren und daher der Auswahl und Vererbung unterlagen.

Auf diese letztere Entstehungsursache wird man diejenigen Instinkte zurückführen müssen, bei denen nicht angenommen werden kann, daß die ihnen entsprechenden Handlungen jemals zuerst durch bewußtes Handeln vollbracht worden sein könnten. Dies gilt beispielsweise von den zahlreichen, und meist überaus verwickelten, Instinkten, welche der Fortpflanzung dienen, und von deren Erfolge und zukünftigem Nutzen für die Nachkommen offenbar kein Tier jemals irgend eine Kenntnis besessen haben kann. Wie hätten z. B. Insekten die, mit den verschiedenen Bedürfnissen und der Sicherheit ihrer Nachkommenschaft stets so genau übereinstimmende, Art ihrer Eiablage, Vögel die eigentümliche Handlung des Brütens,[1]) oder Säugetiere das Saugen der Jungen auf Grund bewußten Urteils herbeiführen können, da ihnen doch die, meist sehr entfernten, Folgen aller dieser Einzelhandlungen unter keinen Umständen bekannt sein konnten? Alle diese Instinkte konnten vielmehr nur dadurch entstehen, daß Tiere, welche die entsprechenden Handlungen zufällig ausführten, eine zahlreichere Nachkommenschaft hinterließen, als die übrigen ihrer Art, und daß dieses bestimmte Handeln allmählich zu angeborener Gewohnheit wurde. Ein, in diesem Zusammenhange häufig angeführtes, Beispiel ist die Puppenkammer der Hirschkäferlarven; sie wird von den männlichen Larven so groß angelegt, daß der erwachsene Käfer darin Raum für sein Geweih findet, während die weibliche Larve diese Höhlung nur so groß anlegt, daß gerade sie selbst darin Platz hat.[2]) Es ist klar, daß die männliche

---

[1]) Über die Entstehung des Brütens vgl. Romanes „Geistige Entwicklung" S. 190.

[2]) Vgl. Weismann „Vorträge über Deszendenztheorie", Bd. I, S.130.

Larve ihre Höhle nicht auf Grund bewußter Vorstellung von dem Nutzen der Erweiterung so gestalten kann, da sie von dem Geweih des zukünftigen Käfers unmöglich irgend eine Kenntnis besitzen kann; auch die ersten Handlungen dieser Art können daher nicht in dieser Voraussicht, sondern nur zufällig auf solche Weise ausgeführt worden sein. Ähnlich sorgen auch Raupen für die zukünftige Sicherheit und Ernährung der Puppen, indem sie sich einspinnen und hierbei äußerst kunstvolle, bei fast jeder Art verschiedene, Handlungen vornehmen. Ebenso werden die Eier der Insekten auf die mannigfachste Weise stets an solchen Stellen untergebracht, wo die jungen Raupen sofort Nahrung finden und durch ihre Farbe gegen Nachstellung geschützt sind, sei dies im Wasser, im Sande, in Baumrinden, an Blättern oder in anderen Tierkörpern. Alle diese Vorteile konnten die Insekten um so weniger voraussehen und bei ihren Fortpflanzungshandlungen bewußt berücksichtigen, als sie diese meist nur einmal im Leben vornehmen, also keinerlei frühere Erfahrung dabei verwerten können. In allen solchen Fällen konnte daher allein die natürliche Auswahl unbewußter Nutzhandlungen zu einer gewohnheitsmäßigen Anwendung des vorteilhaftesten Handelns führen, dessen Erstrebung auf diese Weise sodann als ein angeborener Instinkt vererbt wurde. Wie leicht und schnell im Einzelleben alle häufig wiederholten Handlungen, und zwar sowohl nützliche, wie nutzlose, gewohnheitsmäßig werden, können wir an unseren Haustieren, sowie auch an uns selbst, beobachten; man wird hierbei finden, daß die viel genannte „Macht der Gewohnheit“ sich noch viel schneller einfindet und viel stärker wirkt, als man im allgemeinen annimmt. Daß aber eine dauernd durch mehrere Geschlechter, oft sogar, wie Darwin zeigt, durch einige wenige solche, ausgeübte Gewohnheit erblich wird, zeigt uns die Entwicklungsgeschichte der gesamten Tierwelt, und muß als ganz selbstverständlich erscheinen, wenn man daran denkt, daß ja auch alle Vorstellungen, auf welchen das Handeln der Tiere beruht, lediglich Körpervorgänge sind. Denn, wenn jede einzelne vorübergehende Vorstellung eines Tieres in einem, gleichviel wie gearteten, Vorgange in dessen Körper besteht, so wird man auch jede dauernde, d. h. bei einem bestimmten Tiere unter gleichen Umständen stets gleichartig eintretende, Vorstellungs- und Handlungsweise auf eine dauernde körperliche Gestaltung zurückführen müssen, welche das unbewußt gleichartige Handeln aus „Gewohnheit“ hervorruft. Diese Vorgänge sind häufig genug erörtert und anatomisch in den Nervenvorgängen beschrieben worden.[1]) Ihre Vererbung erscheint so selbstverständlich, wie diejenige aller anderen körperlichen Merkmale, von deren Vererbung Darwin treffend bemerkt, daß

> „das wirklich Überraschende hierbei nicht ist, daß ein Merkmal vererbt wird, sondern, daß überhaupt irgend ein Merkmal jemals nicht vererbt werden konnte!“[2])

Da viele Naturforscher, unter denen Weismann der berühmteste ist, die Vererbung erworbener Eigenschaften überhaupt bestreiten, so müssen sie natürlich auch der Vererbung seelischer Eigenschaften, also erworbener Gewohnheiten, widersprechen. Wenn sie trotzdem die Entstehung von Instinkten durch natürliche Auslese anerkennen, so dürfte hierin ein Widerspruch liegen, welchen alle ihre Ausführungen kaum beseitigen können; denn auf welche andere Weise

---

[1]) Auch von Darwin, vgl. „Variieren der Tiere und Pflanzen“, Bd. II, S. 447.

[2]) Ebendas. S. 3.

könnte eine neue Gewohnheit einzelner Tiere zu einer der ganzen Art angeborenen werden, als durch Vererbung? Soll sich die nützliche Auswahl in allen Einzelleben fortwährend wiederholen? und woher stammt die außerordentliche Zähigkeit der Instinkte, selbst gegenüber sehr schädlichen einzelnen Folgen, wenn nicht aus der Macht angeborener unbewußter Vorstellungen? Weismann drückt sich daher auch, wie mir scheint, in diesem Punkte nicht mit der Sicherheit und Klarheit aus, deren sich seine Ausführungen sonst rühmen dürfen.[1] Daß Darwin die Vererbung erworbener Gewohnheiten lebhaft anerkennt, ist bekannt;[2] dasselbe tut Romanes in eingehender, durch viele Beispiele belegter, Ausführung.[3]

Wer sich dieser Auffassung anschließt, wird auch die Übungsvererbung ursprünglich bewußter Nutzhandlungen als Entstehungsquelle von Instinkten unbedenklich gelten lassen, während die Gegner der Vererbung von Eigenschaften, welche ein Tier erst während seines Einzellebens erworben hat, sie, mit Weismann, gänzlich ablehnen müssen. Aber, wie in den obigen Beispielen ein bewußter Beginn der betreffenden Instinkthandlungen ausgeschlossen erscheint, so gibt es andere Instinkte, bei welchen dieser allein wahrscheinlich ist. Kann man sich beispielsweise denken, daß Tiere auf die vielen Einzelhandlungen, welche sie beim Laufen und Fliegen vollführen müssen, lediglich durch Zufall verfallen sein sollten? Wird man hier nicht lieber an absichtliche und bewußte Versuche zu besserer und schnellerer

---

[1]) Vgl. „Vorträge über Deszendenztheorie“ Bd. I S. 119, Bd II S. 61.

[2]) Vgl. z. B. „Arten“ S. 14, 142. „Gemütsbewegungen“ S. 29, 34, 150, 198.

[3]) „Geistige Entwicklung“ S. 190 ff.

Fortbewegung denken? Auch die verschiedenartigen Angriffs- und Verteidigungshandlungen der Tiere weisen deutlich auf einen bewußten Ursprung hin; so ist z. B. die Gewohnheit aller Raubtiere, und sogar noch unserer Hunde, im Kampfe nach der Kehle des Gegners zu fassen, doch sicherlich durch die bewußte Erfahrung guter Erfolge hierbei entstanden, und erst später zu einer unbewußten Gewohnheit geworden, welche dann jedes junge Raubtier mit auf die Welt brachte, wie wir dies auch bei ganz jungen Hunden beobachten können. Auch der Instinkt der Furcht aller Tiere vor ihren ganz bestimmten Feinden, und umgekehrt ihre Vertrautheit gegenüber ungefährlichen anderen Tieren, läßt kaum eine andere Erklärung zu. Diese Annahme wird durch die bekannte Tatsache bestätigt, daß freie Tiere in Gegenden, welche bisher nicht von Menschen betreten worden waren, keine Furcht vor menschlichen Ankömmlingen zeigten. Darwin berichtet, daß er selbst, auf einsamen Inseln der Südsee, Vögeln mit der Hand Wasser in einem Gefäß gereicht, und Raubvögel mit der Flinte von einem Baume gestoßen habe, weil sie nicht aufflogen; große Landeidechsen habe er mit der Hand berührt, während diese Tiere in anderen Gegenden, wo sie von Menschen verfolgt würden, außerordentlich scheu seien.[1]) Viele Reiseberichte bestätigen diese Tatsachen und erzählen, daß auf abgelegenen Inseln selbst große Vögel, wie Kormorane, Pinguine und Möwen, sich dem Menschen gegenüber etwa so benehmen, wie unsere Enten und Gänse dies tun, und daß sich dort sogar große Raubtiere, wie z. B. Robben, ruhig anfassen ließen. Nordpolfahrer berichten Ähnliches und fügen hinzu, daß diese Vertrautheit sehr schnell dauernd

---

[1]) Vgl. den Anhang zu dem Werke von Romanes „Geistige Entwicklung" S. 401 ff.

aufgehört habe, als man mit der Jagd auf die Tiere begann.[1]) Weismann erkennt nur an, daß die Furcht im Einzelleben der Tiere gewohnheitsmäßig werden könne, während er ihre Vererbung bestreitet; aber dies widerspricht doch unzweifelhaften Tatsachen, z. B. dem ängstlichen Geschrei junger Vögel im Neste beim Anblicke eines Menschen oder eines anderen Feindes, während sie sich vor ungefährlichen Tieren ganz still verhalten, und überhaupt der scharf unterschiedenen Furcht aller jungen Tiere vor Raubtieren, neben ihrer Vertrautheit vor anderen Tieren, von welchen sie nicht verfolgt werden. — Gute Beispiele der Instinktbildung durch Vererbung bewußter Handlungen bietet auch der Vogelzug. Alle Erklärungen dieser Erscheinung stimmen, wie sehr sie auch sonst voneinander abweichen, darin überein, daß sich der Wanderzug der Vögel im Zusammenhange mit dem Klimawechsel und der, durch diese beeinflußten, Nahrungsgelegenheit entwickelt hat, indem Flüge, welche zur Nahrungssuche unternommen worden waren, gewohnheitsmäßig wurden; man darf wohl annehmen, daß diese Unternehmungen zuerst bewußt stattfanden, ehe sie in Instinkte übergingen, da die bloße natürliche Auslese zufällig, d. h. ohne die Absicht der Nahrungssuche, angetretener Flüge fast undenkbar erscheint. — Endlich darf für diese Entstehung von Instinkten an die bekannte Eigentümlichkeit aller Hunde erinnert werden, sich vor dem Niederlegen mehrere Male im Kreise herumzudrehen, da diese Bewegung, wie schon Darwin bemerkt, jedenfalls von ihren wilden Vorfahren stammt, welche sich hierdurch ein Bett in hohem Grase bereiten wollten;[2]) als eine

[1]) Weitere Beläge dieser Art findet man bei Romanes „Geistige Entwicklung" S. 212 ff. und bei Weismann „Vorträge" Bd. II S. 63 ff.

[2]) Über weitere Beispiele vgl. Romanes „Geistige Entwicklung" S. 209 ff.

zufällig vorteilhafte Handlung ist dieses Benehmen doch wohl kaum verständlich. Überhaupt wird man viele, jetzt zwecklose, Gewohnheiten unserer Haustiere auf derartige uralte Quellen zurückführen können. Wenn aber Romanes diese Entstehung der Instinkte, welche er übrigens alsdann, im Gegensatze zu den durch natürliche Auslese entstandenen, „primären" Instinkten, „sekundäre" nennt, als ein „Zurücktreten der Intelligenz" bezeichnet,[1]) so erscheint diese Ausdrucksweise recht verfehlt. Denn nicht die „Intelligenz", also das Vorstellen, insbesondere das folgerichtige Denken, tritt zurück, wenn ein bestimmtes Handeln von Tieren gewohnheitsmäßig wird, sondern nur das Bewußtsein verläßt diejenigen Handlungen, welche zu bewußten Zwecken begonnen, in Gewohnheiten übergehen, während das Vorstellen erst mit dem Leben der Tiere, also durch ihren Tod, erlischt. Wenn das unbewußte Handeln der Tiere von der „Intelligenz" verlassen würde, so müßte es ja widersinnig und daher verderblich ausfallen, während doch der harte Daseinskampf die größte Folgerichtigkeit aller, auch der unbewußten, Handlungen der Tiere erfordert, und, wie wir gesehen haben, in seinen Folgen sicher verbürgt.

Also Übungsvererbung bewußt nützlicher Handlungen und die natürliche Auslese zufälliger Nutzhandlungen bilden die, vielfach ineinander greifenden, Quellen aller tierischen Instinkte. Denn man wird viele ausgeprägte Instinkte aufweisen können, deren einzelne Bestandteile bald der einen, bald der anderen Quelle ihr Dasein verdanken, so daß jene beiden Grundvorgänge bald einzeln, bald vereint, wirksam sind.[2]) Hierfür sorgt ja schon die

---

[1]) „Geistige Entwicklung" S. 208 ff.

[2]) Auch hierfür bringt Romanes einige Beispiele bei; vgl. „Geistige Entwicklung" S. 218 ff.

dauernde Wachsamkeit des Bewußtseins, an welche ich oben erinnert habe, und der vielfache Wechsel äußerer Lebensbedingungen, welche dauernd berücksichtigt werden müssen, wenn die Tiere nicht bei der Betätigung ihrer einzelnen Instinkte in sicheres Verderben gestürzt werden sollen. Denn nnbedingt unbewußt sind bei allen Instinkthandlungen, wie ich oben gezeigt habe, nur der erste Eintritt des Instinktbegehrens und der zukünftige Nutzen, welchen dessen Befriedigung unmittelbar für das Tier selbst oder seine Nachkommen haben wird, während die Ausführung wesentlich durch bewußtes Urteil geleitet wird, weil den wechselnden äußeren Umständen nur auf diese Weise Rechnung getragen werden kann. So gehört beispielsweise bei den Ameisen die Anlage nützlicher Bauten gewiß zu ihren allgemeinen Instinktvorstellungen, welche durch uatürliche Auslese entwickelt worden sein mögen; aber die Abweichungen, welche die einzelnen Arten unter vorteilhafter Berücksichtigung ihrer Wohnsitze gewohnheitsmäßig anwenden, dürfte doch wohl auf eine, anfänglich bewußte, Anpassung an diese zurückzuführen sein. Auch die Bienen halten an den, jeder einzelnen Art eigenen, Formen ihrer Wachszelle im allgemeinen fest; aber vielfach weichen einzelne Arten in sachdienlicher Weise hiervon ab, indem sie z. B. die Schicht der größeren Drohnenzellen mit den kleineren der Geschlechtslosen durch Sechsecke mittlerer Größe verbinden, und auch sonst überall ihre örtlichen Verhältnisse berücksichtigen. Wenn auf solche Weise die beiden Instinktquellen vielfach zusammenfließen, um eine Instinkthandlung in ihrer Gesamtheit entstehen zu lassen, so ist die vielfach erörterte Frage, welcher von beiden eine größere Bedeutung für die Entwicklung der Instinkte beizumessen sei, kaum allgemein zu entscheiden, aber auch von geringer, jedenfalls nur einzelgeschichtlicher, Bedeutung.[1])

Aber in jedem Falle ist zugleich die Ursache und der Erfolg jeder Instinktbildung der Vorteil der Instinktträger, da diese bei bewußten Handlungen, vermöge ihres Triebes zur Selbsterhaltung, natürlich stets ausschließlich ihren eigenen Nutzen verfolgen werden, und die natürliche Auslese nur solche Handlungen ergreifen kann, deren Folgen sich als irgendwie nützlich für die so handelnden Individuen herausgestellt haben. Der persönliche Vorteil ist daher die allgemeine Ursache aller Instinktbildung, und die allgemeine Nützlichkeit aller Instinkthandlungen deren so unausbleiblich notwendige Folge, daß sie sich als das Grundgesetz aller natürlichen Entwicklung auch hier bewährt. Aber, wie sehr wir auch geneigt sein werden, die so überaus sachdienlichen Instinkthandlungen aller Tiere zu bewundern, so ergibt sich doch gerade aus dieser Entwicklungsgeschichte der Instinkte, daß den Tieren ihre, dabei scheinbar hervortretende, Weisheit und Kunstfertigkeit nicht als Verdienst angerechnet werden können, da sie nicht den persönlichen Geistesgaben des einzelnen handelnden Tieres entspringen, sondern gewissermaßen durch die Aufspeicherung der Jahrtausende zusammengehäuft sind. Nur die bewußten Bestandteile ihrer Handlungen, welche ich oben begrenzt habe, sind gewissermaßen ihr Verdienst, während die allgemeine Sachdienlichkeit und Vollkommenheit aller Instinkthandlungen, bezüglich ihres Begehrens und ihrer zukünftigen Folgen dem Urteile und dem Entschlusse der Tiere gänzlich entzogen sind.

---

[1]) Vgl. indessen über diese Streitfrage Darwin „Abstammung" S. 86. „Arten" S. 265 sowie Romanes „Darwin und nach Darwin" Bd. II S. 101 ff., 344 ff., „Geistige Entwicklung" S. 281 ff.

Wenn man daher die Geistesfähigkeiten eines bestimmten Tieres nach dessen sichtbaren Handlungen bewerten will, so wird man in erster Linie diese in ihre unbewußten und bewußten Bestandteile zerlegen müssen, wofür ich oben einige Handhaben angegeben habe. Denn alles, was das Tier unbewußt vollbracht hat, läßt, wie vollkommen und nützlich es auch ausgefallen sein mag, keinen Schluß auf seine Geistesgaben zu, weil diese Erfolge nicht sein Werk, sondern nur objektive Entwicklungsergebnisse sind. Insoweit wir dagegen feststellen können, daß ein Tier einen bestimmten Erfolg bewußt erstrebt und mit bewußt ausgewählten Mitteln erreicht hat, dürfen wir aus dem Maße des von ihm hierbei erlangten Nutzens, dem Grade seiner Voraussicht und der Zweckmäßigkeit der von ihm angewandten Mittel, einen Schluß auf seine Geistesgaben ziehen. Zugleich wird man jedoch bei dieser Einschätzung des betreffenden Tieres die Schärfe seiner Sinne in der Weise berücksichtigen müssen, daß man deren unmittelbare Leistungen nicht zu den geistigen Erfolgen rechnet, da sie mit der Klarheit des Vorstellens, sowie mit dem Umfange und der Deutlichkeit des Bewußtseins, nichts zu tun haben, sondern sogar, wie wir sahen, gänzlich unbewußt bleiben können. Daher wird beispielsweise ein Hund in jedem Fache, sei es auf der Jagd, bei einer Herde, oder als Wächter, durch Verstand und Erfahrung Ausgezeichnetes leisten können, auch, wenn seine Sinne, etwa durch Alter, geschwächt sind. Für die Schätzung der geistigen Fähigkeiten eines bestimmten Tieres darf daher sein Handeln erst nach Ausschaltung

1. alles unbewußten Vorstellens und
2. seiner unmittelbaren Sinneswahrnehmungen

maßgebend sein. Daher werden wir beispielsweise die Geisteskraft der Fische nicht allzuhoch bewerten, weil sie, obwohl sie ein hochentwickeltes Zentralnervensystem und wahrscheinlich alle Sinne der höheren Tiere besitzen, doch nur eine geringe Verschiedenheit in ihren bewußten Anpassungen an besondere äußere Verhältnisse zeigen, während wir andererseits z. B. die Ameisen sehr hoch einschätzen werden, weil sie ihre Instinkte durch sehr verwickelte Einzelhandlungen betätigen, welche den wechselnden Lebensverhältnissen in so zweckmäßiger Weise bewußt angepaßt sind, daß Darwin bemerkte, ihr Gehirn schiene ihm das größte Wunderwerk der Natur zu sein.

3. Das Abändern und Erlöschen von Instinkten.

Aber, wie stark und umfassend auch das Gesetz der nützlichen Entwicklung die gesamte Instinktbildung beherrscht, so muß doch seine Wirksamkeit durch jeden Wechsel in den äußeren Verhältnissen der Tiere tiefgreifend beeinflußt werden. Denn, wie bei der sichtbaren Gestalt ihres Körpers, haftet auch bei ihren Gewohnheiten der unmittelbare Vorteil zunächst ganz an den äußeren Lebensbedingungen, welchen diese ihr Dasein verdanken. Bei der äußeren Körpergestaltung wird z. B. ein dichtes Feder- oder Haarkleid, welches Tiere in kaltem Klima erlangt haben, ihnen nicht mehr nützlich, sondern sogar nachteilig sein, wenn sie in ein erheblich wärmeres Klima gelangen,[1]) was in der Vergangenheit bekanntlich, sowohl durch wesentliche Änderungen des Klimas an ihren Wohnsitzen, wie, im Zusammenhange hiermit, durch Wanderungen, im weitesten Umfange stattgefunden hat. Denn tropische

[1]) Über die Anpassung des Gefieders und des Haarkleides an das Klima, vgl. Darwin „Variieren der Tiere und Pflanzen" Bd. II S. 318.

Funde in Nordeuropa z. B. von fossilen Elefanten in England,[1]) und von Palmen in deutschen Bergwerken, beweisen, daß hier einst ein viel wärmeres Klima, als gegenwärtig, geherrscht haben muß, während Reste von immergrünen Bäumen, welche im arktischen Norden gefunden worden sind, zeigen, daß hier einst mindestens ein gemäßigtes Klima obgewaltet hat. Nahe dem Südpol, unter einer Breite von 64°, hat Nordensköld in geschichtetem Gestein aus dem Jura und Tertiär Farrenkrautwedel, palmenartige Nadelhölzer und andere subtropische Gewächse gefunden, welche mindestens auf das jetzige Klima Italiens schließen lassen.[2]) Umgekehrt beweisen Gletschermoränen, Irrblöcke und Reste arktischer Tiere in England und Deutschland, ja sogar in Italien, Spanien und Afrika, daß hier überall einst das jetzige Klima von Grönland geherrscht haben muß. Eine wie tief greifende Wirkung diese Schwankungen des Klimas auf die gesamte Entwicklung der Tierwelt gehabt haben müssen, gleichviel, ob die Tiere zu weiten Wanderungen schritten, oder in ihren alten Wohnsitzen verblieben, und, wie hierbei die Veränderungen und Neubildungen in der körperlichen Gestaltung der Tiere überall mit denjenigen ihrer Instinkte Hand in Hand gehen mußten, bedarf nicht der Ausführung. Nur ist die Entwicklungsgeschichte der Instinkte im einzelnen noch schwerer erkennbar, wie die der Körpergestaltung, weil ihre gänzlich unsichtbaren Vorgänge keine Spuren hinterlassen konnten, an welchen wir erloschene Zwischenstufen der Entwicklung nachträglich beobachten könnten, wie dies an den fossilen Überresten von Tierkörpern möglich

---

[1]) Vgl. Romanes „Darwin und nach Darwin", Bd. I S. 273.

[2]) Vgl. Darwin „Arten" S. 424, 431 ff., 462, sowie Wilhelm Bölsche „Entwicklungsgeschichte" Bd. II, S. 361, 605, 712, 732.

ist.[1]) Dagegen können wir an den noch lebenden Tieren verkümmerte Überreste von Gewohnheiten beobachten, welche auf gänzlich andere Lebensbedingungen hinweisen, und durch diese äußeren Veränderungen jetzt nutzlos geworden sind. Diese „rudimentären" Instinkte, oder, trotz ihrer jetzigen Nutzlosigkeit, noch abgeschwächt herrschenden Gewohnheiten, entsprechen daher ganz den zahlreichen restlichen Gestaltungen, welche sich in und an jedem hoch entwickelten Tierkörper vorfinden. Es genügt, an die verkümmerten Flügel mancher Vögel und Insekten, welche wenig oder gar nicht mehr fliegen, sowie an die verkümmerten Augen der im Dunkeln lebenden Tiere, wie des Maulwurfs, vieler Schlangen, Würmer, Käfer und Tiefseefische, endlich an die verkümmerten Schwimmhäute bei Vögeln, welche, wie die Hochlandgans in Südamerika, das Wasser nicht mehr aufsuchen, zu erinnern, um die innige Verbindung zwischen restlichen, oder ganz erloschenen, Instinkten und den ihnen entsprechenden Körpergestaltungen deutlich zu erkennen.[2]) Wie natürliche Auslese und Gebrauch (Gewöhnung) die Vervollkommnung, so haben auf beiden Gebieten der Wegfall oder die Umkehr der Auslese und der Nichtgebrauch (die Nichtausübung) die Rückbildungen herbeigeführt, welche jetzt gänzlich nutzlos erscheinen und nur noch eine geschichtliche Bedeutung haben. In dieser Beziehung aber sind sie ungeheuer wichtig, und, wie namentlich Haeckel lebhaft her-

[1]) Vgl. Romanes „Geistige Entwicklung" S. 274 ff.

[2]) Viele weitere körperliche Verkümmerungen werden angegeben von Darwin „Arten" S. 157, 516, 540 ff. „Abstammung" S. 29, 200 ff. „Variieren der Tiere und Pflanzen" Bd. II S. 362, dgl. von Haeckel „Anthropogenie" Bd. I S. 98, Bd. II S. 925; endlich von Romanes „Darwin und nach Darwin" Bd. I S. 79 ff., Bd. II S. 339.

vorhebt, eine starke Stütze der Abstammungslehre, da sie zeigen, daß die Tiere ihre gegenwärtigen Merkmale und Fähigkeiten nicht als „zweckmäßige" Geschenke des Schöpfers zugeteilt erhalten, sondern in langsamster Entwicklung, unter Überwindung von Bildungen, welche nutzlos, oft sogar schädlich, geworden waren, erlangt haben. Insbesondere die Überreste und das gänzliche Erlöschen nutzlos gewordener Instinkte beweisen vor allem deren unbegrenzte Abänderungsfähigkeit, so daß wir in diesen nicht mehr starre Charaktereigenschaften oder ewige, den Tieren verliehene, Gewohnheiten, sondern nur eine Reihe ererbter Vorstellungen erblicken können, welche sich mit dem Wechsel der äußeren Lebensbedingungen fortwährend ändern.

Diese Abänderungsfähigkeit und Beweglichkeit aller Instinkte gehört offenbar ebenfalls zu der, alle Entwicklung beherrschenden, Grundtatsache der allgemeinen Nützlichkeit; denn, wie hätte die Tierwelt unter dem oben angedeuteten häufigen und tiefgreifenden Wechsel ihrer Lebensbedingungen bestehen können, wenn die rücksichtslose Herrschaft vorhandener Instinkte stets unangreifbar gewesen wäre? Aber diese Abänderung von Instinkten bedeutet ja auch, im Grunde genommen, nichts anderes, als die Entwicklung neuer Instinkte, deren unbedingte Nützlichkeit für die Instinktträger ich soeben festgestellt habe. Denn, wenn sich unter der Herrschaft angeborener Gewohnheiten neue Instinkte bilden, welche mit diesen im Widerspruche stehen, so kann dies offenbar stets nur auf Kosten jener geschehen, d. h. der ältere Instinkt muß insoweit abgeändert oder ganz aufgegeben werden, als er der neuen Nutzhandlung widerspricht. Da beispielsweise ein bestimmtes Tier gegenüber einem bestimmten anderen nicht zugleich vertraut und furchtsam sein kann, so kann sich der Instinkt der Furcht vor einem bestimmten Verfolger nur unter vollständiger Verdrängung der bisherigen Vertrautheit, und ebenso umgekehrt Zahmheit nur auf Kosten der Furcht, entwickeln, wie wir dies überall bei unseren Haustieren sehen. Ebenso sind die, uns so wertvollen, Instinkte des Hundes, namentlich seine Liebe und Treue, seine Anhänglichkeit und Gewissenhaftigkeit, den Instinkten seiner wilden Vorfahren, als welche wir bekanntlich Wölfe, Schakale und Füchse zu betrachten haben,[1]) so entgegengesetzt, daß sie sich offenbar nur unter deren völliger Zurückdrängung entwickeln konnten. Denn wer wird in dem „treusten Freunde des Menschen", welcher seinem Herrn, nötigenfalls unter Aufopferung des eigenen Wohllebens, und sogar des Lebens selbst, anhängt, durch Klugheit und Frohsinn seine Umgebung erfreut, und sich sogar wirtschaftlich in mannigfacher Weise nützlich macht, jene freien Raubtiere wiedererkennen? Aber Reisende berichten, daß verwilderte Hunde auf Inseln des Indischen Ozeans alle diese guten Instinkte wieder eingebüßt, und sogar das Bellen verlernt haben, welches ja der Hund ebenfalls erst später angenommen hat, da es keinem seiner wilden Vorfahren eigen ist.[2]) Ebenso können die Vögel nicht zugleich Zugvögel und Standvögel sein; wenn wir annehmen dürfen, daß sich diese letzteren durch Seßhaftmachung aus jenen entwickelt haben, wie ich dies an anderer Stelle wahrscheinlich zu machen versucht habe,[3]) so kann natürlich der neue Heimatsinstinkt nur auf Kosten des bisherigen Zuginstinktes entstanden und ausgebreitet worden sein. Man kann daher das schließliche

[1]) Über die Abstammung des Hundes vgl. Darwin, „Variieren der Tiere und Pflanzen" Bd. I S. 17ff.

[2]) Ebendas. Bd. I S. 27ff., vgl. auch Bd. II S. 36ff.

[3]) In dem bereits oben genannten Buche S. 108ff

Ergebnis solchen Widerstreites zwischen einander ausschließenden Instinkten mit demselben Rechte als Entstehung eines neuen Instinktes, wie als Rückbildung und Ausschaltung eines bestehenden auffassen, je nachdem man die neu entstehende, oder die absterbende Gewohnheit als Gegenstand der Beobachtung wählt, während es sich in beiden Fällen doch nur um ein und denselben Vorgang handelt.

Aber vielleicht wird man bei Betrachtung der verneinenden Seite des Vorganges, d. h. bei Beobachtung der Abschwächung und Zurückdrängung von Instinkten, besonders geneigt sein, an den bewußten Beginn entgegenstehender Handlungen zu denken, weil eine Veränderung in den äußeren Lebensverhältnissen meist ziemlich unvermittelt eingetreten sein, und den Tieren sofort die Gefährlichkeit gewisser Instinkthandlungen äußerst fühlbar gemacht haben wird. Diese Gefahren werden sich alsdann ihrem bewußten Urteile so lebhaft aufgedrängt haben, daß sie leicht zur Auflehnung gegen schädliche Gewohnheiten durch hiervon abweichendes zweckmäßiges Handeln schritten, ehe der, so viel langsamere, Weg natürlicher Auslese zu diesem Ziele führen konnte; indessen blieb trotzdem auch für diese hierbei Raum, indem sie die bewußt begonnenen Abweichungen auswählte, und so die neuen Nutzhandlungen befestigte. Diese Mitwirkung bewußten Urteils bei der Abänderung von Instinkten wird natürlich stets um so größer gewesen sein, je höher eine Art von Tieren bereits entwickelt war, wenn sie, namentlich durch Wanderungen, unter veränderte Lebensbedingungen geriet; denn um so schneller und sicherer werden diese Tiere die Gefährlichkeit bisheriger Gewohnheiten erkannt, und um so lebhafter werden sie sich solchen zu entziehen gesucht haben.

Das Ergebnis unzähliger derartiger Entwicklungsvorgänge ist, daß gegenwärtig bei zahlreichen, ja vielleicht bei allen, Tieren innerhalb der einzelnen Arten sehr verschiedene, vielfach sogar ganz entgegengesetzte, Instinkte vorkommen, weil sich abgewanderte Teile an neue Lebensbedingungen angepaßt haben. Während beispielsweise die Ameisen ihre Bauten sonst überall in der Erde oder unmittelbar auf dem Erdboden aufführen, legen sie in einer bestimmten Gegend von Siam ihre Ansiedelungen auf Bäumen an, weil der Erdboden dauernd starken Überschwemmungen ausgesetzt ist.[1]) Auf der Insel Madeira gibt es über 200 Arten von Käfern, welche nicht mehr fliegen, und daher nur noch unbrauchbare Flügelreste besitzen, während ihre nahen Verwandten auf dem benachbarten Festlande vollständig flugfähig geblieben sind.[2]) Offenbar ist die Gefahr, durch Stürme, welche gerade in jener Gegend besonders heftig auftreten, in das Meer geworfen zu werden, die Ursache dieser Rückbildung des früheren Fluginstinktes und der einstigen Flugfähigkeit gewesen; aber es liegt gewiß nahe, hierbei an eine bewußte Erkenntnis dieser Gefahr, und daher einen bewußten Beginn des Verzichtens auf das Fliegen, statt an die, so viel langsamere, natürliche Auslese derjenigen Individuen zu denken, welche das Fliegen zufällig, d. h. ohne bewußte Erkenntnis der den Fliegern drohenden Gefahr, aufgegeben hatten. — Unter den Bienen hören die in Australien und Kalifornien eingeführten Korbbienen nach zwei bis drei Jahren regelmäßig dauernd auf, Honig zu sammeln, weil der ewige Sommer ein ununterbrochenes Blütenleben schafft;[3]) auf der Insel

[1]) Romanes „Geistige Entwicklung" S. 208.
[2]) Romanes „Darwin und nach Darwin" Bd. I S. 33.
[3]) Romanes „Geistige Entwicklung" S. 268.

Barbados aber befliegen sie überhaupt keine Blüten mehr, weil die vielen dort vorhandenen Zuckersiedereien ihnen ununterbrochen bequemeren Ersatz bieten.[1]) Wie mannigfach sich bei den einzelnen Rassen der Hunde die verschiedensten Instinkte herausgebildet haben, ist bekannt; und doch stammen sie wahrscheinlich sämtlich von einer einzigen, ausgestorbenen, Art ab. — Vögel derselben Art haben unter abweichenden Lebensverhältnissen äußerst verschiedene Gewohnheiten erlangt; z. B. bezüglich des Wandertriebes, indem zuweilen dieselbe Art in einer bestimmten Gegend als Zugvogel, in einer anderen als Strichvogel, und in einer dritten als unbeweglicher Standvogel, auftritt.[2]) Auch der Gesang der Vögel weicht oft innerhalb derselben Art in einer bestimmten Gegend erheblich von demjenigen in einer anderen ab. Der Instinkt des Nestbaues aber hat sich bei den Vögeln, in bezug auf den Standort, den Stoff und die Form des Nestes, nicht nur zwischen den einzelnen Arten, sondern auch innerhalb derselben Art, überaus mannigfach entwickelt; z. B. bauen die Schwalben in verschiedenen Gegenden ganz verschiedene Nester,[3]) der Strauß überläßt am Senegal das Ausbrüten seiner Eier der Sonne, während er am Kap der guten Hoffnung selbst eifrig brütet und die Eier bei Tag und Nacht nicht verläßt,[4]) der Wolf ist in Gegenden, wo er wenig mit

---

[1]) L. Büchner S. 23.

[2]) z. B. die Eiderente, die Drosseln und die Wachteln zeigen diese Verschiedenheiten.

[3]) Darwin behandelt den Nestbau der Vögel sehr ausführlich in seinem, von Romanes als „Nachtrag" zu der „Geistigen Entwicklung" veröffentlichten, „Essay", und zeigt hier die große Veränderlichkeit dieses Instinktes in Rücksicht auf Verfolguug, Bequemlichkeit und andere örtliche Voraussetzungen (S. 412 ff.). Ähnliches berichtet er daselbst von Raupen und Schmetterlingen (S. 427 ff.).

[4]) L. Büchner, „Geistesleben der Tiere" S. 24.

Menschen in Berührung kommt, ein kühner und wehrhafter Räuber, während er sich in bewohnteren Gegenden als ein ausgesprochen feiger Geselle benimmt.[1]) Der Biber lebt in Amerika in größeren Gesellschaften, welche in Flüssen ihre berühmten Bauten aufführen; dagegen führt er in Deutschland und Frankreich ein vollständiges Einzelleben in einsamen Höhlen. Endlich zeigen Affen innerhalb einzelner Arten, welche sich über verschiedene Inseln verbreitet haben, stark abweichende Instinkte, und die Gründe, welche zu diesen Abänderungen früherer gemeinsamer Gewohnheiten geführt haben, sind hierbei, wie auch in allen anderen Fällen, leicht erkennbar. Aber, wie weitgehende Verschiedenheiten im Instinktleben bestimmter Arten von Tieren auch eintreten, sobald sie in verschiedene Gegenden gelangen, so bewahren doch die Artgenossen überall auch auf dem seelischen Gebiete überwiegend viel Gemeinsames, und mit Recht erblickt Darwin hierin eine starke Stütze der Abstammungslehre, denn auch die Gleichheit oder Ähnlichkeit dieser Eigenschaften und Fähigkeiten kann nicht anders, als durch die Abstammung von gemeinsamen Vorfahren, erklärt werden.[2])

Es würde ein dankbares Unternehmen sein, aus der Entwicklungsgeschichte einzelner Instinkte nachzuweisen, wie vorteilhaft jede einzelne, einer äußeren Veränderung des Lebens angepaßte, dauernde Abweichung von einer überlieferten Gewohnheit für das Dasein oder die Fortpflanzung gewesen ist. Einmütig führt hierbei in allen Fällen die Abänderung zu größerer Wohlfahrt der Tiere

---

[1]) Ebendas. S. 22.

[2]) Vgl. hierzu „Arten" S. 200, 267, 519, 535, 548, „Abstammung" S. 138, sowie den oben genannten „Essay" bei Romanes „Geistige Entwicklung" S. 436.

im Verhältnis zu ihrer äußeren Umgebung, gleichviel ob im einzelnen Falle der erste Anstoß zur „Emanzipation" von der Herrschaft einer starken Gewohnheit durch bewußte Auflehnung, oder durch unbewußt nützliche Handlungen erfolgt zu sein scheint. Denn jede wesentliche Veränderung im Klima, in der Bodengestaltung, in dem natürlichen Schutz von Wäldern, in der Verteilung von Land und Wasser, in der Art und Zahl der Verfolger, und in vielen anderen Lebensbedingungen, stellte die hiervon, gleichviel durch welche Ursache, betroffenen Tiere vor die enge Wahl: Anpassung oder Untergang, und schließlich wurde für die Allgemeinheit stets die erstere, wenn auch gewiß meist erst nach dem Untergange zahlreicher Individuen, erlangt. Es konnte nicht anders sein, als daß hierbei zugleich, wie die sichtbaren körperlichen Werkzeuge und Eigenschaften, so auch alle Geistesfähigkeiten der Tiere vervollkommnet werden mußten, indem ihre Sinneswahrnehmungen an Feinheit und Vollständigkeit, ihre Vorstellungen an Mannigfaltigkeit und Deutlichkeit, endlich ihr Bewußtsein an Umfang und Klarheit dauernd zunahmen. Diese Entwicklungsgeschichte harrt noch der berufenen Forscher und Erzähler, welche uns mit ihr in ähnlicher Weise vertraut machen werden, wie dies durch Darwin und seine Nachfolger, namentlich durch Ernst Häckel, bezüglich der sichtbaren Körpergestaltung geschehen ist.

III.

Bewußtes Handeln.

Diese Betrachtung der Reiz- und Instinkthandlungen wird die Bedeutung des Bewußtseins beim Vorstellen und Handeln der Tiere bereits wesentlich klargestellt haben, indem sie uns gezeigt hat, daß bloße Reizhandlungen ihnen in keinem Teile ihres Verlaufes bewußt werden, während jede Instinktbetätigung von dem ersten Auftauchen der sie bestimmenden Vorstellung an bis zur Vollendung der sichtbaren Handlung teils unbewußt, teils bewußt, vollbracht wird. Es bedeutet daher, wie ich schon früher hervorhob, eine gänzliche Verkennung des Bewußtseins, wenn man dieses zu einer Wesenseigenschaft oder Geistesfähigkeit von Tieren stempelt, während es in Wahrheit nur ein wechselnder Zustand von tierischen Vorstellungen ist. Statt daher die, durchaus sinnwidrige, Frage zu stellen, ob ein Tier „Bewußtsein besitzt", kann man nur fragen; entweder

1. ob in einem bestimmten einzelnen Falle einem Tiere sein Handeln bewußt geworden ist; oder
2. ob allgemein eine bestimmte Art tierischer Handlungen auf bewußtes Vorstellen zurückzuführen ist; oder endlich
3. ob gewisse Tiere zum Bewußtsein von Vorstellungen fähig sind.

Während ich für die Entscheidung der ersten Frage bereits früher einige Hilfsmittel angegeben, und die zweite Frage bei den Reiz- und Instinkthandlungen erörtert habe, hat uns die Frage nach der Bewußtseinsfähigkeit der Tiere bisher nicht beschäftigt. Indessen dürfte bereits klar die Tatsache hervorgetreten sein, daß neben dem weiten Gebiete des unbewußten Handelns in der Tierwelt zugleich das Bewußtsein eine weitgehende Herrschaft erlangt hat, und daß diese um so umfangreicher und stärker ist, je höher die Geistesfähigkeiten eines Tieres überhaupt entwickelt sind. Der Kreis des Bewußtseins im Vorstellungsleben der Tiere wird daher ohne Zweifel dauernd größer werden, und vielleicht wird dieser geistige Fortschritt auch dadurch, und zwar mehr als wir im allgemeinen annehmen, beschleunigt, daß sie allgemein dem bildenden Einflusse des Menschen unterworfen werden, was wiederum in dauernd steigendem Maße geschieht. Denn wo gibt es gegenwärtig noch eine Tierwelt, welche der Berührung mit dem Menschen gänzlich entzogen wäre? Überallhin ist dieser „mit seiner Qual" gedrungen und den Tieren, sei es als Feind, oder als Herrscher und Freund, ein überlegener Lebensgenosse geworden. Aber sowohl seine Verfolgung, wie seine Herrschaft müssen fördernd auf die geistige Entwicklung der Tiere wirken, indem durch die Gefahren der menschlichen Verfolgung ihre Sinne und ihr bewußtes Urteilen geschärft, und bei näherer Berührung mit dem Menschen ihr Vorstellungsleben mannigfach bereichert wird, wie namentlich der Hund beweist; man vergleiche aber auch bei diesem ein liebevoll, womöglich in einer Familie, gehaltenes Tier, welches schließlich viele Bewegungen und Worte seines Herrn genau verstehen lernt, mit einem armen Kettenhunde, welchem man nur das Futter reicht. Ähnliche Unterschiede kann man an Vögeln beobachten, indem

z. B. Papageien und Rotkehlchen in hohem Grade vertraut und gelehrig werden. Aber auch die freien Tiere lernen nicht nur durch die Verfolgungen des Menschen, sondern auch durch die Beobachtung und Verwertung seiner Handlungen und Einrichtungen. Wie schnell lernen z. B. alle Tiere, zu ihrer Ernährung hiervon Gebrauch machen; das sonst so scheue Wild und die gesamte Vogelwelt kommen willig zu den Futterplätzen, welche man ihnen bereitet, und fast alle Tiere lassen sich, namentlich in ihrer Jugend, vollständig zähmen.

Daß die Fähigkeit zu bewußtem Vorstellen nicht zugleich mit diesem, sondern erst sehr viel später, als ein Ergebnis langsamer Entwicklung, entstanden ist, wissen wir. Wenn wir nun jetzt, rückwärts schauend, fragen, in welchem Punkte der unendlich langen Entwicklungsreihe der Tierwelt diese feinste Blüte des Vorstellungslebens zuerst erblüht sein mag, so dürfen wir von vornherein unbedenklich erwarten, daß dies in unmittelbarem Zusammenhange mit der Entwicklung eines G e h i r n s geschehen ist; denn, da alles Vorstellen in Nervenvorgängen besteht, so muß die vollkommenste und feinste Entwicklung eines Nervensystems auch die höchste Stufe der Vorstellungsfähigkeit bezeichnen. Jene aber werden wir ohne weiteres in der mächtigen Zusammenballung von Nervenzellen und Nervenfasern erblicken, welche von dem Schädeldache der Wirbeltiere bedeckt werden, während das V o r s t e l l u n g s l e b e n der Tiere seinen Gipfel im B e w u ß t s e i n erlangt hat. Der Besitz eines Gehirns und die Fähigkeit zu bewußtem Vorstellen sind daher nur zwei verschiedene Beobachtungstatsachen, welche völlig einheitlich, und untrennbar voneinander, die höchste Stufe der tierischen Entwicklung darstellen. Aus dieser Einheitlichkeit und Untrennbarkeit beider Merkmale folgt, daß wir von dem einen stets auf das andere schließen und daher nur denjenigen Tieren die Fähigkeit zu bewußtem Vorstellen und Handeln zuschreiben dürfen, welche ein Gehirn besitzen. Dieser Besitz ist nun, obwohl er, gleich allen Ergebnissen natürlicher Entwicklung, nur allmählich entstanden ist, doch ein so deutlicher, daß sein Fehlen oder Vorhandensein bei allen Tieren mit Sicherheit festzustellen ist, wobei es freilich zweifelhaft sein kann, ob man schon das sogenannte „Schlundganglion" oder den „Oberschlundknoten" der Würmer[1]) als ein Gehirn anerkennen, und damit dieser großen Tierklasse die Fähigkeit zum Bewußtsein zuschreiben, darf. Denn mit Sicherheit können wir erst bei der Klasse der Rundmäuler (Cyclostomen) den Beginn der Gehirnentwicklung feststellen, indem hier zuerst die blasenartige Anschwellung des Rückenmarkes erscheint, welche sodann, nach Zerfall in fünf hintereinander liegende Hirnblasen, von den Fischen an allen Wirbeltieren bis zum Menschen erhalten bleibt, und sich hierbei zu einer immer bedeutenderen, den größten Teil der Schädelhöhle ausfüllenden, äußerst verwickelt und fein gestalteten, Nervenmasse entwickelt.[2]) Dementsprechend müssen wir auch die Fähigkeit zum Bewußtsein allen diesen Tieren, mit jener uralten Klasse beginnend, zuschreiben, und andererseits allen noch tiefer stehenden Tieren, mit Ausnahme der Würmer, auf welche ich sogleich zurückkommen werde, sowie der Spinnen und Insekten, unbedingt absprechen. Die Richtigkeit dieser Schlußfolgerung ist durch die Einheitlichkeit des Vorstellens mit der Tätigkeit der Nerven gesichert; denn ohne Zweifel muß die deutliche und ungeheuere Vervollkommnung des Nervensystems, welche wir in der Ent-

[1]) Vgl. Häckel „Anthropogenie" Bd. II S. 708.
[2]) Ebendas. S. 593 ff., 703 ff.

wicklung des Gehirns erblicken, zugleich die höchste Stufe des Vorstellungsvermögens bezeichnen. Auch setzt alles bewußte Handeln eines Tieres eine so umfassende Beherrschung seines gesamten Nervensystems voraus, wie sie nicht durch zerstreute Nervenfasern, sondern nur durch ein Gehirn, im Verein mit dem Rückenmark, erfolgen kann. Aber auch die Beobachtung der tierischen Handlungen bestätigt diese Schlußfolgerung, indem nur hirnbegabte Tiere Handlungen vollbringen, welche nach dem oben erörterten Maßstabe, also namentlich durch ihre Anpassung an besondere Umstände, ihr Bewußtsein verraten. Auch durch die Versuche an Tieren, von welchen oben die Rede war, ist diese Tatsache bestätigt worden, indem enthirnte Tiere, über deren Bewußtseinsfähigkeit vor ihrer furchtbaren Verstümmelung durch Herausnahme des Gehirns kein Zweifel herrschte, nach dieser nur noch zu Handlungen fähig sind, welche Bewußtsein nicht erfordern.

Über diese untere Grenze der bewußten Seelentätigkeit herrscht im allgemeinen Einverständnis. In keinem Falle aber darf diese weiter nach oben gelegt, also der Kreis der bewußtseinsfähigen Tiere noch weiter eingeschränkt, werden, da hierdurch auch die Fische davon ausgeschlossen werden würden, zu welchen die Cyclostomen unmittelbar überleiten. Diese selbst sind übrigens bis auf wenige Arten (Schleimfische und Neunaugen) ausgestorben, und obenein durch Rückbildungen so entartet,[1]) daß sie für die Wissenschaft nur noch geschichtlich von Interesse sind, und auch die Seelenforschung von ihnen absehen darf. Dagegen besitzen die Fische, welche ja als die Stammklasse sämtlicher höheren Wirbeltiere anzusehen sind, ohne Zweifel die Fähigkeit zu bewußtem Handeln, da sie bei der geschlecht-

[1]) Häckel „Anthropogenie" Bd. II S. 593, 596.

lichen Auswahl, bei der vorteilhaften Bestimmung ihrer Laichplätze, bei der Flucht vor Verfolgern, und durch viele andere Handlungen, die deutliche Berücksichtigung besonderer Umstände bekunden, welche nur durch bewußtes Urteil möglich ist. Die Fische zeigen auch ein lebhaftes Gedächtnis und lassen sich leicht an bestimmte Futterstellen gewöhnen. Hierbei habe ich übrigens selbst Karpfen in einem Teich beobachtet, welche auf Händeklatschen zu jeder Tageszeit erschienen, um sich füttern zu lassen, wodurch also im Gegensatze zu der häufigen Annahme ihrer gänzlichen Taubheit bewiesen wird, daß Fische hören können; bekanntlich besitzen sie ja auch eine, obwohl nur äußerst dürftige, Gehöranlage. Endlich zeigen alle Fische lebhaften Ärger, Eifersucht und Lust am Spielen; auch ist mit Sicherheit festgestellt worden, daß sie Personen wiedererkennen. Über ihre Fähigkeit zum bewußten Vorstellen kann daher kein Zweifel herrschen, wobei natürlich bezüglich der Bestimmtheit ihrer Vorstellungen und der Klarheit ihres bewußten Urteils innerhalb dieser, so ungeheuer großen und vielgestaltigen, Klasse bedeutende Unterschiede obwalten werden. Alles dies gilt nicht nur in gleichem, sondern sogar in noch höherem Maße von den Insekten. Auch sie besitzen bekanntlich ein Gehirn; aber obwohl sie, als Gliedertiere, entwicklungsgeschichtlich tiefer stehen als die Fische, haben es ihre vollkommensten Arten zu einem höheren Grade der Geistesentwicklung gebracht als jene, eine Tatsache, welche nichts Auffallendes hat, wenn man bedenkt, daß die Fische, und andere Wirbeltiere, nicht von den Insekten abstammen, sondern nur gemeinsam mit diesen aus den niederen Würmern hervorgegangen sind.[1]) Unter den Insekten zeichnen sich bekanntlich die Bienen und Ameisen durch so hohe

[1]) Häckel „Anthropogenie" S. 708.

Geistesfähigkeiten aus, daß man sie sogar über die Säugetiere gestellt hat. Die überaus verwickelten, und durch Handlungen von zweifelloser Bewußtheit auf das Mannigfachste betätigten, Instinkte dieser Tiere sind so oft und anziehend beschrieben worden, daß es sich erübrigt, diese hier auch nur aufzuzählen; doch sei an das Wiedererkennen der Ameisen untereinander erinnert, weil es als eine ganz besonders deutliche Betätigung des bewußten Urteils erscheint. Obwohl nämlich die Ameisen einer bestimmten Art sich, soweit wir hierüber urteilen können, genau gleichen, und obwohl ein Nest eine ungeheuer große Anzahl, zuweilen über eine halbe Million, von Ameisen enthält, kennen sich alle diese untereinander ganz genau; denn, wenn man eine Ameise in ein Nest ganz derselben Art bringt, so ergreifen dessen Bewohner sofort den Eindringling und schleppen ihn hinaus.[1]) Aber sogar nach monatelanger Trennung erkennen sich die Genossen eines Nestes wieder, und ebenso bekannt sind ihre lebhaften Gefühle der Zuneigung und Feindschaft untereinander.[2]) Einen besonders deutlichen Ausdruck bewußten Urteils zeigen die Ameisen auch dadurch, daß die Bewohner eines Nestes unter genau denselben Umständen ganz verschieden handeln, und daß sich Ameisen, welche einander auf ihrem Wege begegnen, in einer Weise verständigen, welche der Beobachter nur als eine „Unterhaltung" bezeichnen kann. Alle diese Handlungen liegen so außer dem Bereich unmittelbarer Instinkttätigkeit, daß man sie unbedingt nur durch ein hochentwickeltes Vorstellungs- und Bewußtseinsvermögen er-

[1]) Vgl. die interessanten Versuche über diesen Vorgang bei J. Lubbock „Die Sinne und das geistige Leben der Tiere" (Leipzig 1889) S. 235 ff.

[2]) Sehr interessante Schilderungen aus dem Leben der Ameisen gibt auch Büchmann „Geistesleben der Tiere" S. 43 ff.

klären kann, und dem berühmten Ameisenforscher Forel beistimmen wird, daß die Ameisen bezüglich ihrer Geistesfähigkeiten in der Tierwelt dieselbe Stelle einnehmen, wie der Mensch unter den Säugetieren. Auch Instinkthandlungen sind ja oft von überaus großer, aber nur scheinbarer Weisheit; so töten manche Wespen die Raupen, welche sie als spätere Nahrung für ihr Junges in ihre Zelle tragen, nicht vollständig, sondern sie bringen der betreffenden Raupe an ganz bestimmten, hierzu geeigneten, Körperstellen Stiche bei, welche nur deren Lähmung herbeiführen, so daß das Opfer zwar bewegungsunfähig, aber nicht dem Verwesen ausgesetzt wird. Dieses Verfahren ist unbedenklich als ein, durch natürliche Auslese, vielleicht auch durch bewußte Erkenntnis der Folgen gerade der betreffenden Stiche, entstandener Instinkt zu beurteilen, bei dessen Betätigung die Folgen dieser Handlungsweise nicht mehr bewußt vorgestellt werden; aber vergebens würde man die meisten Handlungen der Ameisen auf solche Weise zu erklären versuchen. — Also den Fischen und den Insekten müssen wir die Fähigkeit zu bewußtem Handeln unbedingt zuerkennen, und es herrscht hierüber unter den Naturforschern wohl kaum ein Streit. Aber leider wird diese Einigkeit einigermaßen dadurch in Frage gestellt, daß die Bedeutung des Bewußtseins sehr verschieden aufgefaßt und vielfach verkannt wird, indem man dieses bald dem bloßen Vorstellen, bald dem Denken, bald sogar dem Wollen, gleichstellt und daher die „Intelligenz“ oder den „Willen“ der niederen Tiere in Frage stellt, als ob diese ohne Vorstellen und Wollen auch nur die allereinfachste Bewegung vollbringen könnten; ich habe bereits oben über diese verhängnisvollen Verwechslungen berichtet. In Rücksicht hierauf beschränkt sich die allgemeine Übereinstimmung eigentlich nur auf die Feststellung, daß dem

Besitze eines Gehirns eine entscheidende Bedeutung in der Entwicklung der tierischen Geistesfähigkeiten zukommt, woran freilich, schon aus anatomischen Gründen, von vornherein kein Zweifel herrschen konnte. Auf Grund meiner strengen Umschreibung des Bewußtseinsbegriffes dürfen wir jedoch einen Schritt weiter gehen und an die Stelle einer unbestimmten „Vervollkommnung" der tierischen Geisteskräfte die Fähigkeit zum Bewußtsein setzen.

Aber eine vollständige Übereinstimmung herrscht auch über die untere Grenzlinie der Fähigkeit zum Bewußtsein nicht. So möchte Romanes diese bereits den Seesternen zuerkennen, weil sie bei ihren aufrichtenden Bewegungen und ihrem Kriechen an einer senkrechten Ebene ein Wahrnehmungsvermögen bekundeten,[1]) und Herr Dr. Lucas schreibt schon dem Hydra-Polypen Bewußtsein zu, weil dieser sich zur Nahrungsaufnahme von seinem Standorte losreißt und hierdurch „ein die Bewegung auslösendes Begehren" bekunde, welches stets „die erste Regung psychischen Lebens", nämlich einen „bewußt gewordenen physiologischen Bewegungstrieb" darstelle.[2]) Aber weder das sinnliche Wahrnehmungsvermögen, noch das bloße „psychische Leben", d. h. das Vorstellen, erfordern die Tatsache des Bewußtseins, sondern beides kann, wie wir gesehen haben, auch gänzlich unbewußt bleiben und kommt daher auch bei Pflanzen vor. In der Tat unterscheidet sich das Seelenleben des Seesternes kaum von demjenigen der Pflanzen, welche ja ebenfalls ihre Stellung, namentlich zum Lichte, in der verschiedensten, und oft in sehr verwickelter, Weise ändern, und die tastenden Bewegungen ihrer Wurzeln

---

[1]) „Geistige Entwicklung" S. 386.

[2]) „Psychologie der niedersten Tiere" S. 126 ff., 262 ff.

werden wahrscheinlich denjenigen, welche der Seestern mit seinen Fühlern ausführt, sehr ähnlich sein. Denn auch die stets vorteilhaft gerichteten Bewegungen der Pflanzenwurzeln zeigen, daß diese keineswegs aufs Geratewohl, sondern nach Nahrung und Feuchtigkeit suchend, in das Erdreich hinabsteigen, also jedenfalls in ähnlich zuckenden Bewegungen, wie sie die Fühler des Seesternes ausführen. Man sollte daher auch den Pflanzen nicht nur Reizbarkeit, sondern auch Instinkte, zuschreiben. Beispielsweise muß der unwiderstehliche Trieb jedes Samenkorns, die Wurzel nach unten und den Stengel nach oben zu senden, wohl als ein Instinkt bezeichnet werden; denn obwohl das Licht der stärkste Reiz ist, welcher das Pflanzenleben beherrscht, gelingt es ihm nicht, jenen Trieb zu überwinden, sondern selbst Samenkörner, welche man auf den durchlochten Boden eines mit Erde gefüllten und hoch aufgehängten Fasses legt, senden ihre Stengel nicht nach unten zum Lichte, sondern nach oben in das dunkle Erdreich, während die Wurzeln nach unten durch die Löcher hindurchwachsen. Wie die Rankenpflanzen nach Stützen suchen und diese unter Drehungen und Windungen erreichen, und wie die Wurzeln aller Pflanzen, unter Überwindung von Hindernissen, nach Nahrung und Feuchtigkeit suchen, habe ich bereits oben hervorgehoben. Wodurch unterscheiden sich diese Willenshandlungen von dem „psychischen Begehren", in welchem Herr Dr. Lucas bei der Hydra einen Ausdruck von „Bewußtsein" erblickt? Der Grundfehler dieser Auffassung liegt offenbar darin, daß sie nur bewußte und mechanische Bewegungen unterscheidet, statt ihnen, als eine dritte Klasse, die unbewußten hinzuzufügen, und diesen dasselbe „psychische Leben" zu unterstellen, wie den bewußten. Denn, wie immer von neuem hervorgehoben werden muß, der Gegensatz des

Bewußtseins ist nicht die Leblosigkeit, sondern die Unbewußtheit, und der Gegensatz der Leblosigkeit ist nicht das Bewußtsein, sondern das Leben, d. h. das Vorstellen Die Versuche, diesen niedersten, gehirnlosen Tieren Bewußtsein zuzuschreiben, müssen daher entschieden als verfehlt bezeichnet werden.

Dagegen steht die Annahme, daß das Bewußtsein untrennbar von dem Besitze eines Gehirns abhängt, nicht dem Zugeständnisse entgegen, daß schon die Würmer hierzu fähig sind, da diese in dem über ihrem Schlunde liegenden Nervenknoten und den beiden hiermit verbundenen, auf dem Rücken verlaufenden, Nervensträngen eine Art Gehirn und Zentralnervensystem besitzen. Da sie außerdem gut entwickelte Augen, Tastorgane, und, wenigstens in den höheren Klassen, auch Gehörwerkzeuge[1]) haben, so daß sie für jede Art von Reizen empfänglich sind, so ist jedenfalls ihr Vorstellungsleben überhaupt sehr viel reichhaltiger gestaltet, als dasjenige aller anderen niedersten Tiere. Denn auch Lust und Schmerz drücken sie durch deutliche Bewegungen aus, und wir haben gesehen, daß diese Empfindungen nur mit bewußtem Vorstellen verbunden sein können. Dasselbe gilt von der großen Furchtsamkeit, welche alle Würmer zeigen; hierüber hat Darwin in seinem Werke über die Regenwürmer ausführlich berichtet. Unter diesen Umständen dürfen wir den Würmern unbedenklich ein, wenn auch nur schwach aufleuchtendes, Bewußtsein von Vorstellungen zuerkennen und daher hier die untere Grenze der Bewußtseinsfähigkeit festlegen, insoweit in der Entwicklungsgeschichte von Grenzen überhaupt die Rede sein kann.

---

[1]) Vgl. J. Lubbock „Die Sinne und das geistige Leben der Tiere" (Leipzig 1889) S. 86.

Wenn man sich nun vergegenwärtigt, daß

1. das alleinige Merkmal des Lebens das Vorstellen ist;
2. daß dieses daher gleichmäßig das gesamte Leben der Pflanzen und Tiere beherrscht;
3. daß das unbewußte Vorstellen bei Pflanzen und Tieren nach seiner Entstehung und seinem Inhalte wesentlich gleichartig ist;
4. daß allein das bewußte Vorstellen einen wesentlichen, nicht nur rein gradmäßigen, Fortschritt in der Entwicklung der tierischen Geistesfähigkeiten bedeutet;
5. daß die Fähigkeit hierzu an den Besitz eines Gehirns gebunden ist; endlich
6. daß auch die Fähigkeit zur Fortbewegung kein wesentliches Merkmal der Tierheit ist, da viele niederste Tiere, wie z. B. Schwämme, Polypen und Korallen, am Meeresboden festsitzen, —

so könnte man versucht sein, die Scheidelinie zwischen Pflanzen und Tieren allein in den Besitz eines Gehirns, und die hiermit verbundene Fähigkeit zum bewußten und zweckmäßigen Handeln, zu verlegen, so daß nicht nur die allerniedrigsten Urtiere, also Wurzelfüßler und Infusorien, sondern auch die Cölenteraten, also Schwämme, Nesseltiere, Polypen und Medusen, sowie die als Stacheltiere bezeichneten Seesterne, Seewalzen und Seeigel in das Pflanzenreich zu verweisen sein würden. Für diese Art der Scheidung beider Reiche würde von vornherein der Umstand sprechen, daß ja auch die Grenzlinie zwischen dem leblosen Stoffe und den Lebewesen, oder, wie man zu sagen pflegt, zwischen dem Unorganischen und Organischen in der Natur, dem Vorstellungsleben entnommen ist, da wir den Beginn des Lebens da annehmen müssen, wo das Handeln nach Vorstellungen anfängt; wäre es da nicht folgerichtig, auch die weitere Scheidung der Lebewesen diesem Gebiete zu entnehmen? Die Tatsache des Bewußtseins und die hiervon abhängige Fähigkeit zu zweckmäßigem Handeln sind gewiß bedeutungsvoll genug, um als das wesentliche Merkmal der Tierheit erklärt zu werden, und sie sind, wie ich soeben gezeigt habe, durch den äußerlich erkennbaren Besitz eines Gehirns deutlich gegeben. Unterhalb dieser Grenze herrscht nur das dumpfe Geistesleben der allerniedersten Tiere, welches sich von demjenigen der Pflanzen nicht wesentlich unterscheidet, und nicht einmal dem Grade nach nennenswert höher entwickelt ist. Denn wir haben gesehen, daß das Geistesleben dieser Tiere nur in deren Empfänglichkeit für Reize besteht, welche auch das Leben der Pflanzen beherrscht. Erst durch das Handeln nach bewußten Zwecken und die Fähigkeit zu bewußten Empfindungen wurde das Leben der Tiere so tief umgestaltet, daß hiermit gewissermaßen ein neuer Abschnitt ihrer Entwicklungsgeschichte begann. Nach dieser Scheidung würden also die Wurmtiere die niedrigste Klasse der Tierwelt bilden, da sie in ihrem Gehirnganglion die niedrigste Form eines Gehirns, hierdurch aber die Fähigkeit zu dem bewußten Vorstellen, besitzen, welche auch durch die Beobachtung ihrer Handlungen bestätigt wird. Alle übrigen Merkmale, mit deren Hilfe man eine Scheidungslinie zwischen Pflanzen und Tieren gezogen hat, liefern zwar bei den höheren Klassen beider Reiche deutliche Unterschiede; aber bei deren niedersten Vertretern lassen sie uns völlig im Stich. Denn viele Urtiere sind durch Übergangsformen derart mit echten Pflanzen (Algen) verbunden, daß man sie mit demselben Rechte zu Pflanzen, wie zu Tieren stempeln darf; denn, wie Häckel bemerkt,

„zeigen viele einzelligen Organismen entweder einen so indifferenten Charakter, oder eine solche Mischung von animalen und vegetativen Eigenschaften, daß es rein willkürlich erscheint, ob man sie zum Tierreich oder zum Pflanzenreich stellen will." [1])

Freilich hat diese Frage an sich nur eine schematische Bedeutung, da es für die seelische Beurteilung der einzelnen Lebewesen gleichgültig ist, ob man sie als Pflanzen oder als Tiere einschätzt, wenn es nur gelingt, die Art und den Inhalt ihrer Vorstellungen möglichst sicher festzustellen; dieser unmaßgebliche, und vielleicht auch etwas kühne, Vorschlag ist daher für die Gültigkeit meiner übrigen Ausführungen ohne Bedeutung.

[1]) „Natürliche Schöpfungsgeschichte" S. 415 ff. Zu einem ähnlichen Ergebnisse gelangt Herr Professor Dahl in einem Aufsatze der „Naturwissenschaftl. Wochenschrift" 1905, Nr. 33.

IV.

Sittliches Handeln.

Die Frage, ob die höheren Tiere zu sittlichen Vorstellungen fähig sind, wird im allgemeinen lebhaft verneint. Selbst Darwin erklärt den „Sinn für Moral" wiederholt als ein „Vorrecht der Menschen";[1]) aber wenn er anderweit bemerkt,[2]) daß sich dieser Sinn bei einem mit hervorragenden geselligen Instinkten begabten Tiere notwendig einstellen müsse, sobald seine geistigen Fähigkeiten ebenso gut, oder beinahe so gut, wie beim Menschen entwickelt wären, so erkennt Darwin hiermit offenbar an, daß die sittlichen Vorstellungen des Menschen nicht auf einer wesentlichen Verschiedenheit zwischen diesem und den Tieren beruhen, sondern nur einen verschiedenen Grad der Geistesentwicklung darstellen. Wenn wir ferner sehen, wie Darwin die gesamte sittliche Entwicklung („moralische Konstitution") des Menschen auf die geselligen Instinkte der Tiere zurückführt, so drängt sich, wie mir scheint, unwillkürlich die Vermutung auf, daß er hier, wie auch bei den in seine Werke eingestreuten religiösen Bemerkungen, mit seiner wahren Ansicht zurückgehalten hat, um der Frömmigkeit seiner Landsleute, wenn auch auf Kosten der

---

[1]) z. B. „Abstammung" S. 124, 784.

[2]) Ebendas. S. 126.

eignen Folgerichtigkeit, ein Zugeständnis zu machen. Ich muß wenigstens gestehen, daß ich bei den, oft recht unvermittelten, Hinweisen Darwins auf „die Werke Gottes“,[1]) des „Dasein eines allgegenwärtigen Gottes“,[2]) den „veredelnden Glauben an die Existenz eines allmächtigen Gottes“,[3]) und ähnlichen Bemerkungen, diese Empfindung nicht unterdrücken kann. Denn man ist, oder war wenigstens noch vor nicht langer Zeit, in England sehr empfindlich gegenüber jedem Einbruche in die alten Glaubensschranken. Als z. B. der große Philosoph Hume seine berühmte Verteidigung der Selbsttötung geschrieben hatte, wurde diese Schrift von der englischen Geistlichkeit so erfolgreich unterdrückt, daß sie nur durch einen ausländischen Druck erhalten geblieben ist. Sollte da der Gedanke allzu fern liegen, daß Darwin nur diesen Vorurteilen zuliebe von den göttlichen Werken spricht, welche mit seiner Lehre doch kaum vereinbar sind, und von den sittlichen Vorrechten des Menschen, obwohl er dessen sittliche Vorstellungen von tierischen Instinkten ableitet? „Vestigia terrent.“

Aber worin bestehen in Wahrheit die sittlichen Vorstellungen, welche wir angeblich vor den Tieren voraus haben? Hierüber wird man sich vor allem klar werden müssen, ehe man an die Untersuchung herantritt, inwieweit diese auch den Tieren zukommen, oder ihnen fehlen. Da das Wesen der Moral[4]) kaum jemals zutreffender und vollkommener erklärt worden ist, als durch Schopenhauer

---

[1]) „Arten“ S. 172.

[2]) „Abstammung“ S. 786.

[3]) Ebendas. S. 120.

[4]) Dieses wenig schöne Wort läßt sich nicht mit voller Schärfe deutsch wiedergeben, da sowohl „Sitte“, wie „Sittlichkeit“ etwas wesentlich davon verschiedenes bedeuten. Dasselbe gilt von dem „Egoismus“ gegenüber der „Selbstsucht“ und dem „Eigennutz“.

in seiner berühmten Schrift „Über die Grundlage der Moral“, und da der zweitausendjährige Streit der Philosophen über diese Frage hier nicht erörtert werden kann, so beschränke ich mich darauf, den Grundgedanken Schopenhauers zu wiederholen, daß die Moral, oder das sittliche Vorstellen und Begehren, in dem Satze beruht: „Verletze niemanden, sondern unterstütze nach Kräften die andern“, und daß daher nur die Handlungen aus Gerechtigkeit und Mitleid einen sittlichen Wert besitzen, während der grenzenlose Egoismus aller Wesen die hauptsächlichste Macht ist, welche der ernsten Moral entgegensteht. Schopenhauer weist bei seiner, wohl überall unanfechtbaren, Begründung dieser Grundsätze auch darauf hin, daß die Gebote der Religion mit der Moral nichts zu tun haben, sondern jede in deren Dienste vollbrachte Handlung auf das eigne Interesse gerichtet und daher sittlich wertlos ist, da ja nur die Absicht, das Wohlsein anderer zu fördern, einen wahrhaft sittlichen Beweggrund bilden kann.

Da wir diesen Sätzen wohl unbedingt zustimmen müssen, so fragt es sich nunmehr, ob und inwieweit diese Absicht als Beweggrund tierischer Handlungen tatsächlich vorkommt. Schopenhauer selbst verneint diese Frage mit der Begründung, daß den Tieren die Fähigkeit zur abstrakten Erkenntnis fehle,[1]) wir haben indessen gesehen, daß dieser Grund ohne Zweifel hinfällig ist, insoweit die Tiere zum Bewußtsein fähig sind, da dieses ohne Weiteres aus seinen anschaulichen Vorstellungen abgeleitete Vorstellungen erzeugt. Übrigens scheint sich Schopenhauer in diesem Punkte selbst zu widersprechen, da er später bemerkt, daß die Tiere ein „stetes Selbstbewußtsein“ hätten.[2]) Wenn daher die

---

[1]) S. 215.
[2]) S. 239.

Tiere zu abgeleitetem Vorstellen, oder, nach Schopenhauers Ausdruck, zur „abstrakten Erkenntnis", an sich ohne Zweifel fähig sind, so ist jedenfalls die Möglichkeit, daß sie auch zu sittlichen Vorstellungen fähig sein könnten, nicht von vornherein ausgeschlossen; denn es bedarf keiner Ausführung, daß die Vorstellung fremden Leids, welche die Voraussetzung sittlichen Handelns ist, nur durch bewußtes Urteil eintreten kann. Aber allerdings steht diese Vorstellung, und ihre Verwertung als Beweggrund zu selbstlosem Handeln, in einem lebhaften Gegensatze zu allen Instinkten der Tiere, da diese ja, wie wir gesehen haben, ausschließlich durch und für den Nutzen ihrer Träger entstanden sind. Mit Recht darf daher ein sicherer Nachweis solcher Handlungen nicht nur durch theoretische Schlußfolgerungen, sondern auch durch Tatsachen der Beobachtung verlangt werden.

In ersterer Hinsicht führt uns Darwins Ableitung der menschlichen Moral aus den nützlichen Handlungen der Tiere auf den richtigen Weg. Diesen Ausführungen würde überhaupt nichts hinzuzufügen sein, wenn eben Darwin nicht vor ihrer Folgerichtigkeit, schon höheren Tieren einen „Sinn für Moral" zuzusprechen, zurückgeschreckt wäre, obwohl seine ganze Beweisführung unrettbar hierzu hindrängt. Sein Gedankengang ist bekanntlich folgender: Die fortschreitende geistige Entwicklung ließ die meisten Tiere erkennen, daß sie aus geselligem Zusammenleben große Vorteile für ihre Ernährung und Verteidigung ziehen könnten; infolgedessen hat sich bei sehr vielen Tieren, z. B. den meisten Insekten, vielen Vögeln, wilden Rindern und Pferden, Schafen, Gemsen, Wölfen, Elefanten und Affen, ein Instinkt der Gemeinschaft entwickelt; durch dieses Zusammenleben entstand zwischen den Genossen eine Reihe neuer Instinkte, welche dem angeborenen Egoismus entgegenwirkten: Gegenseitige Zuneigung, die Unterordnung unter Führer, und das Verlangen nach gegenseitiger Hilfeleistung.

Zur Begründung dieser Erklärung Darwins erinnere ich zunächst an das oben über die Abänderung von Instinkten Gesagte, wobei ich gezeigt habe, wie überall neue Instinkte auf Kosten älterer, deren Ausübung ihnen widerspricht, entstehen, sobald die äußeren Verhältnisse dies erfordern. Die Grundlage der Entwicklung war daher auch bei diesen geselligen Instinkten der eigene Nutzen; aber, indem die Handlungen, welche zugunsten von Genossen geschahen, gewohnheitsmäßig wurden, trat diese bewußte Absicht in der oben geschilderten Weise zurück, und es blieb als Inhalt der neuen Instinkte nur das Bestreben übrig, den Genossen hilfreich zu sein, also ein durchaus selbstloses, freilich, gleich jedem Instinkte, seinem Antriebe nach unbewußtes, Verlangen. Aber selbstlose Handlungen waren ja durchaus nichts Neues im Leben der Tiere; insbesondere war schon vor Entstehung dieser geselligen Instinkte die hingebende Mutterliebe bei allen höheren Tieren einer der allerstärksten Instinkte. Auch eine gewisse Zuneigung zwischen Geschwistern, sowie von seiten der Jungen gegen die Eltern, haben gewiß stets geherrscht, wenn auch diese Gefühle nicht gerade als Instinkte bezeichnet werden können; immerhin mußte das Zusammenleben der Tiere in ihren Familien eine gewisse Freude hieran und eine gegenseitige Zuneigung hervorrufen, welche vielleicht die Grundlage aller geselligen Instinkte bildeten, indem sie von dem Familienkreise auf weitere Kreise von Artgenossen erstreckt wurden. Da aber alle hierdurch herbeigeführten Handlungen das Merkmal der Selbstlosigkeit trugen und diese die wahre „Grundlage der Moral“ ist, so dürfen wir alle Handlungen dieser Art „sittlich“ nennen. Denn die Genossenschaften der Tiere konnten nur bestehen, wenn jedes von ihnen nach dem Grundsatze handelte: „Was du willst, das dir geschehe, das tue auch den andern, und was du dir selbst nicht wünschst, das füge auch diesen nicht zu.“ Übrigens erinnern die Ausführungen Darwins zu dieser Frage vielfach so lebhaft an Schopenhauer,[1]) daß man fast geneigt sein könnte, ersterem einen Vorwurf aus dessen Nichtnennung zu machen, wenn nicht seine wissenschaftliche Redlichkeit über jeden Zweifel erhaben wäre; denn die „Grundlage der Moral“ war bereits im Jahre 1840, also dreißig Jahre vor der „Abstammung des Menschen“, erschienen. Aber Darwin scheint Schopenhauer überhaupt nicht gelesen zu haben, da er ihn gelegentlich[2]) nach einem Auszuge in einer englischen Zeitschrift anführt, und außer diesem, meines Wissens einzigen, Falle überhaupt nicht erwähnt. Um so interessanter ist die Übereinstimmung dieser beiden großen Geister in einem so wichtigen Punkte, welchem sich übrigens leicht zahlreiche andere hinzufügen lassen würden.

Also das gesellige Zusammenleben von Tieren hat Instinkte erzeugt, welche nur unter Überwindung ihres angeborenen Egoismus und durch das Verlangen, anderen Tieren zu helfen, betätigt werden konnten. Mit welchem Rechte verweigert man nun diesen Vorstellungen das Merkmal des Sittlichen, wenn man sie bei Tieren beobachtet, während man ihnen dieses unbedingt zuerkennt, wenn sie bei Menschen vorkommen? Welcher wesentliche Unterschied besteht z. B. zwischen den aufopfernden Liebestaten tierischer Mütter und der ebenso hingebenden menschlichen Mutterliebe? oder zwischen der Hilfsbereitschaft gegen

[1]) Vgl. z. B. den Schluß des 4. Kapitels der „Abstammung“ mit Schopenhauer S. 137, 141, 162, 217.

[2]) Im Anfang des 20. Kapitels der „Abstammung des Menschen“.

hilflose Genossen bei Tieren und solcher zwischen Menschen? oder endlich zwischen der Treue eines Hundes und menschlicher Freundschaft? Weshalb sollen alle aus diesen Instinkten entspringenden Handlungen der Tiere weniger sittlich sein, wie die ganz gleichen Handlungen beim Menschen, während doch ihr Beweggrund und Verlauf in beiden Fällen ganz dieselben sind? Wer, als gerechter Richter, nur den äußeren Tatbestand und die Beweggründe einer in beiden Fällen ganz gleichartigen Handlung „ohne Ansehung der Person" berücksichtigt, wird kaum zu einem abweichenden Urteile über die betreffenden Handlungen der Tiere gelangen; wer dies aber absichtlich unterläßt, um durch Herabsetzung der Tiere die sittliche Würde des Menschen zu erhöhen, müßte an den schönen Ausspruch Schopenhauers erinnert werden:

> „Wo es den Dienst der Wahrheit gilt, ist jede andere Rücksicht, auch was es immer sei, schmählicher Verrat."[1])

Der Einwand, mit welchem man dieser gleichmäßigen Beurteilung gleichartiger Handlungen bei Tier und Menschen zu widersprechen pflegt, besteht hauptsächlich darin, daß bei den Tieren „nur Instinkthandlungen" in Frage kämen, womit man ausdrücken will, daß diese gänzlich unbewußt blieben und daher keine sittliche Bedeutung haben könnten. Nun muß, abgesehen von dem, bereits oben eingehend zurückgewiesenen, Irrtum, daß Instinkthandlungen stets unbewußt vollführt würden, allerdings zugegeben werden, daß die hier fraglichen Vorstellungen der Tiere, wie z. B. die Mutterliebe, die Hilfsbereitschaft und Zuneigung, zu echten Instinkten geworden sind; aber ist dies beim Menschen anders? Ist etwa die menschliche Mutterliebe eine den

---

[1]) „Über den Willen in der Natur" S. 18.

Frauen künstlich anerzogene Pflicht? oder ist sie nicht vielmehr ebenfalls ein angeborener Trieb, also ein Instinkt? Erwacht dieser nicht genau, wie bei den Tieren, unbewußt und mit leidenschaftlicher Heftigkeit? Ohne Zweifel würde die Klasse „Mensch“ längst aus der Natur verschwunden, oder vielmehr gar nicht zur Entwicklung gelangt sein, wenn es anders wäre, und sie als ein wesentliches Gattungsmerkmal das traurige Vorrecht vor den Tieren besäße, von dem köstlichen Schatze des mütterlichen Instinktes entblößt zu sein. Sehr mit Unrecht glaubt man daher dem menschlichen Muttergefühle dadurch eine höhere Weihe zu verleihen, daß man es aus dem Instinktleben, also von der Natur, loslöst, und zu einem menschlichen Kultur- und Sittenerzeugnis stempelt. Denn, abgesehen davon, daß dieses Gefühl bei den Frauen der Wilden ebenso mächtig ist, wie bei denen der Kulturvölker, ist diese ganze Auffassung, daß ein uns angeborener Trieb weniger edel und sittlich sei, als eine durch Kultur und Erziehung künstlich erzeugte Neigung, von Grund aus verkehrt und verwerflich. Es ist bekannt, daß es hauptsächlich die christliche Kirche ist, welche diese unnatürliche Auffassung begründet hat und mit heißem Bemühen aufrecht erhält; aber diese von menschlichem Größenwahn beseelten Himmelsstürmer sollten doch zunächst einmal versuchen, das Atmen, Essen und Verdauen abzulegen, um von ihrem „niederen“ Ursprunge unwiderstehlich überführt zu werden. Ohne Zweifel dürfen wir in der Verfeinerung der menschlichen Sitten, welche allen unseren angeborenen Instinkten eine zartere Form gegeben hat, einen glücklichen Fortschritt erblicken; aber so sicher, wie jeder Mensch nackt und unverfälscht in seinen Kleidern steckt, sind unsere wirklichen Leidenschaften nur natürliche Instinkte, welche von einer vorgeschrittenen Kultur mühsam eingehüllt sind. Aber, wie ein Körper dadurch nicht verändert wird, daß man ihn in undurchsichtige Gewänder hüllt, so bleibt auch eine Instinkthandlung ihrem ganzen Wesen nach dasselbe, wenn sie, unter dem Einflusse menschlicher Kultur, in veränderten Formen durch Menschen vollbracht wird. Denn zugunsten der Tiergegner pflegt man bei allen Vergleichen zwischen tierischen und menschlichen Handlungen nur den Kulturmenschen heranzuziehen, weil gegenüber dem Wilden fast alle jene anmaßende Gründe versagen; und selbst beim Kulturmenschen spricht man wiederum ausschließlich von dem gebildeten, weil der einfache Arbeiter viel zu sehr durch die Notdurft des Lebens und den Kampf ums Dasein in Anspruch genommen wird, um sich allzuviel auf das abstrakte Denken einzulassen, in welchem Schopenhauer fälschlich den Vorrang des Menschen vor den Tieren erblickt. Endlich darf der „homo sapiens", um das, nach Schopenhauer nur dem Menschen zugängliche, abstrakte Denken und den nach Darwin diesem allein angeborenen „moralischen Sinn" würdig darzustellen, auch nicht zu jung sein. Denn welches sind die abstrakten und sittlichen Vorstellungen eines Kindes? Und ist nicht, fragt Darwin, auch dieses bereits ein Mensch? Die Versuche, zwischen tierischem und menschlichem Vorstellen eine möglichst breite Kluft zu schaffen, werden daher in hohem Maße dadurch begünstigt, daß man den Menschen nicht in seinen niedrigsten Vertretern, also in Wilden und Kindern, sondern in seinem höchsten, nämlich dem durch Wissenschaft, Kunst und Sitte verfeinerten, hochgebildeten Kulturmenschen den Tieren gegenüberstellt, wenn man auf irgend einem seelischen Gebiete Vergleiche anstellt; aber selbst unter dieser Erschwerung muß schließlich die Erkenntnis siegen, daß die tierischen Vorstellungen auch auf dem sittlichen Gebiete von den menschlichen nicht in ihrem Wesen, sondern nur dem Grade nach verschieden sind, weil sie die ungeheure Vervollkommnung, welche diese durch die Steigerung des bewußten Vorstellens mit Hilfe der menschlichen Sprache erlangt haben, nicht annähernd erreichen konnten.

Denn wir haben gesehen, daß das von Bewußtsein getroffene Vorstellungsgebiet bei jedem Tiere um so umfangreicher im Verhältnis zum unbewußten Vorstellen ist, je höher das Vorstellungsleben überhaupt entwickelt ist; aber dieses Übergewicht des Bewußtseins beim Menschen und dessen hierdurch gekennzeichnete Überlegenheit über die Tiere sind für das Merkmal des Sittlichen ohne entscheidende Bedeutung. Denn wenn wir, mit Schopenhauer, das „Fundament der Moral" lediglich in die Überwindung des Egoismus verlegen, so kann dieses Merkmal des sittlichen Handelns nicht dadurch in Frage gestellt werden, daß Vorstellungen, welchen es ihrem Inhalte nach zukommt, unbewußt entstehen. Denn das Bewußtsein hat, wie ich oben gezeigt habe, mit dem Inhalte der von ihm erfaßten Vorstellungen so wenig zu tun, wie das Licht mit dem Stoffe der Gegenstände, über welche es leuchtend dahingleitet, ohne ihr Dasein oder ihr Wesen irgendwie zu beeinflussen. Daher kann auch die Tatsache der Unbewußtheit oder Bewußtheit einer Vorstellung nicht die sittliche Bedeutung berühren, welche dieser ihrem Inhalte nach zukommt. Eine andere Frage, welche von der inneren sittlichen Bedeutung einer Vorstellung oder Handlung streng getrennt werden muß, ist diejenige nach dem sittlichen „Verdienst". Von einem solchen könnte im strengsten Sinne allerdings nur bei einer bewußten und völlig frei gewählten Tat die Rede sein; da aber jedem Tiere und jedem Menschen die Art seines Vorstellens, und daher auch seines Wollens gegenüber äußeren Umständen, angeboren ist, und jede Handlung von unbewußten Vorstellungen mitbeeinflußt wird, so würde man gut tun, von sittlichem „Verdienste“ überhaupt nicht zu sprechen, sondern nur zu fragen, ob eine Handlung ihrer Vorstellung nach sittlich oder unsittlich ist. Wenn hierfür allein der egoistische oder uneigennützige Beweggrund entscheidend ist, so muß jede Handlung, welche ausschließlich zum Wohle eines anderen Wesens gewollt worden war, sittlichen Wert besitzen, gleichviel, ob der fremde Vorteil bewußt erstrebt worden ist, oder ob sich diese Handlung, nach Art einer Instinkthandlung, triebartig aufgedrängt hat. Ja, vielleicht dürfen wir gerade solchen Handlungen um so eher eine sittliche Bedeutung beimessen, weil wir sicher sind, daß ihnen der eigene Nutzen völlig fern geblieben ist, welcher sich der bewußten Überlegung so sehr schwer ganz entzieht. Auch bei Menschen spricht man ja oft von „edlen Trieben“ oder von „guten Instinkten“, um hierdurch auszudrücken, daß sie unbewußt das Gute wollen, und schätzt sie dann höher, als diejenigen, welche sich erst nach eingehender Überlegung hierzu entschließen. Wer will endlich entscheiden, inwieweit auf die Handlungen eines Menschen unbewußte und bewußte Vorstellungen eingewirkt haben? Hierüber wird man nicht einmal bei sich selbst, geschweige denn bei anderen, ein Urteil fällen können. Mit diesem aber wird man um so zurückhaltender sein, je mehr man den ungeheuren Umfang und die Macht unbewußter Vorstellungen, auch bei menschlichen Entschlüssen, erkannt hat. Aus alledem folgt, daß die selbstlosen Handlungen von Tieren nicht dadurch die ihren Beweggründen zukommende sittliche Bedeutung verlieren, daß sie als Instinkthandlungen erscheinen, und daher ihrem Antriebe nach unbewußt eintreten. Auch wird ja, wie ich oben gezeigt habe, die ganze Ausführung der Instinkthandlungen bei den höheren Tieren wesentlich vom Bewußtsein beherrscht, so daß diese im Verlaufe ihrer Handlungen ohne Zweifel bewußt erkennen müssen, ob sie hierbei unmittelbar ihren eigenen, oder einen fremden Vorteil herbeiführen; wenn sie trotzdem bei einer selbstlosen Handlungsweise verbleiben, so wird man kaum sagen können, daß sie dies unbewußt getan hätten.

Die Tiergegner, um hiermit kurz diejenigen zu bezeichnen, welche bestreiten, daß die höheren Tiere sittlicher Vorstellungen fähig sind, oder daß deren Handlungen eine sittliche Bedeutung haben können, glauben, diese Annahme auch dadurch widerlegen zu können, daß sie den Tieren ein Gewissen absprechen. Aber was haben wir hierunter zu verstehen? Nach Kant besteht es bekanntlich in dem „kategorischen Imperativ", welcher angeblich vor jeder Handlung die Erfüllung der sittlichen Pflicht gebietet; aber treffend hat Schopenhauer die Verkehrtheit dieser Auffassung dargetan und darauf hingewiesen, daß das Gewissen erst nach der Handlung erwacht und lediglich „das Wissen von dem, was man getan hat" bedeutet, wobei dieses Bewußtsein mit Unzufriedenheit verbunden ist, wenn die betreffende Handlungsweise entweder als unzweckmäßig oder als unsittlich erkannt wird.[1]) Aber weshalb sollte diese nachträgliche Überlegung einem hochentwickelten Tiere verschlossen sein? Wird nicht beispielsweise ein Tier, nachdem es glücklich einer Gefahr entronnen ist, welcher es sich durch Hunger oder Geschlechtbegierde voreilig ausgesetzt hatte, nachträglich über seine Unvorsichtigkeit nachdenken? Woher stammt sonst die so viel größere Vorsicht älterer Tiere? Doch nur aus ihrer Erfahrung und ihrem bewußten

[1]) „Grundlage der Moral" S. 170.

Nachdenken über die Folgen früherer Handlungen. Aber auch sittliche Mängel einer Handlung werden den Tieren bewußt werden. Wenn z. B. ein Vogel vor dem Angriffe eines Feindes seine im Nest liegenden hilflosen Jungen verlassen hat und dieses später leer findet, wird er sich nicht vorwerfen, voreilig geflohen zu sein, und ähnlich, wenn er während dieses Ereignisses zur Nahrungssuche abwesend gewesen war? Ich habe oben erwähnt, daß Schwalben zuweilen, nachdem sie zu einer zweiten Brut geschritten sind, noch nicht flugfähige Junge zurücklassen, um den Zug anzutreten; wird sich nicht bei der Schwalbenmutter nachträglich, wenn der Wandertrieb nicht mehr wirksam ist, der Instinkt der Mutterliebe melden, und in dem „Gewissen" des Vogels lebhafte Vorwürfe erregen? Selbst Darwin räumt diese Möglichkeit ein,[1]) obwohl er ja den Tieren den „moralischen Sinn" abspricht. Aber wodurch würde sich solche Selbstanklage der Schwalbe von menschlichen „Gewissensbissen" unterscheiden? Hunde verraten das Bewußtsein begangener Fehler, also ihr „schlechtes Gewissen", z. B. auf der Jagd oder nach unerlaubter Nascherei, so deutlich, daß man ihnen ihr lebhaftes Schuldgefühl schon von weitem ansieht. Die Tiergegner kennen in diesen Fällen nur die Furcht der Hunde vor Strafe; aber diese benehmen sich in solcher Weise auch dann, wenn sie genau wissen, daß sie solche nicht zu erwarten haben. Auch schließt diese Furcht ein rein sittliches Schuldbewußtsein offenbar keineswegs aus, sondern auch beim Menschen folgt auf eine sittliche Selbstanklage gewiß stets unmittelbar die Überlegung etwaiger böser Folgen; ja die Furcht vor solchen wird vor dem sittlichen Schuldbewußtsein oft sogar stark überwiegen; namentlich bei

---

[1]) „Abstammung" S. 145.

gesetzlich strafbaren Handlungen wird sich meist die Furcht vor Entdeckung und Strafe einstellen, ehe das Gewissen sich regt, und letzteres wird oft gar nicht zu Wort kommen, zumal, wenn „Alles gut abgelaufen“, und Entdeckung nicht mehr zu befürchten ist. Man sollte daher wirklich weniger sicher in der Verherrlichung des menschlichen Gewissens auf Kosten der ganz gleichartigen tierischen Vorstellungen sein.

Nahe verwandt mit den sittlichen Vorstellungen sind die abgeleiteten Empfindungen, welche, wie ich früher bemerkte, durch eine bewußte Beurteilung eigener Erlebnisse entstehen, und wohl ausnahmslos bei den höheren Tieren ganz in derselben Weise, wie beim Menschen, vorkommen. Daß Ärger und Eifersucht schon bei den Fischen herrschen, habe ich schon erwähnt. Schon die Reptilien sind der Zuneigung und Freundschaft fähig, wie mannigfache Beobachtungen beweisen,[1]) und, wenn wir zu den Bienen, Ameisen, Vögeln und Säugetieren aufwärts steigen, so beobachten wir diese Empfindungen nicht nur als vereinzelte Gemütsbewegungen und Beweggründe einzelner Handlungen, sondern, gleich allen anderen beim Menschen vorkommenden Empfindungen, als feststehende Charaktereigenschaften der Arten und Individuen. Diese sind daher in ebenso ausgeprägter Weise, wie der Mensch, z. B. gutmütig oder boshaft, heftig oder gleichgültig, ehrlich oder verschlagen, vertrauensvoll oder mißtrauisch, fügsam oder eigensinnig, heiter oder schwermütig, mäßig oder gefräßig. Manche Tiere, namentlich Vögel, zeigen eine lebhafte Neugierde, andere neigen besonders stark zur Nachahmung. Viele Tiere sind so gesellig, daß sie nicht allein leben können,

[1]) Vgl. Romanes „Geistige Entwicklung“ S. 382. Viele Beispiele von Freundschaft zwischen Tieren findet man bei Büchner, „Liebe und Liebesleben in der Tierwelt“ S. 253ff.

während andere durchaus die Einsamkeit lieben. Daß hierbei, mindestens bei den höchsten Tieren, stark ausgeprägte Einzelcharaktere innerhalb derselben Art vorkommen, weiß jeder, der mit Pferden und Hunden, oder auch mit Stubenvögeln, zu tun hat, und die Wärter von Elefanten und Affen wissen hiervon viel zu erzählen. Bei den freien Tieren entzieht sich die Verschiedenheit der Individuen im allgemeinen der Beobachtung; auch bietet das Leben in der Freiheit wohl weniger Gelegenheit zur Entwicklung persönlicher Charaktereigenschaften, weil es bei allen Tieren derselben Art ziemlich gleichförmig verläuft; trotzdem wird jeder Jäger Erfahrungen über besondere Eigenschatten und Gewohnheiten einzelner Tiere sammeln.

Die Verschiedenheit zwischen den Tieren und dem Menschen ist daher auf dem Gebiete der Gefühle, Empfindungen und Gemütsbewegungen eine viel geringere, als bezüglich der eigentlichen Geistesfähigkeiten, also der Denkkraft und des Bewußtseins, und ohne Zweifel verdanken wir diese Überlegenheit hauptsächlich unserer Sprache. Denn, wie wir von uns selbst wissen, ist weder der Eintritt noch die Lebhaftigkeit unserer Gefühle von der Möglichkeit ihres Ausdruckes durch Worte abhängig, während wir unser bewußtes Denken so eng mit unserer Sprache verflochten haben, daß es sich kaum noch anders, als in deren Form vollzieht. Wenn jedoch Max Müller und neuerdings Fritz Mauthner erklären, es gäbe überhaupt kein Denken ohne Sprechen,[1]) so wird diese Auffassung durch das sprachlose Denken von Taubstummen, kleinen Kindern und höheren Tieren widerlegt. Auch ist doch das Denken des Menschen

[1]) Fr. Mauthner „Beiträge zu einer Kritik der Sprache" (Stuttgart 1901), Bd. I S. 164ff.

offenbar viel älter, als seine Sprache, da diese erst als ein Erzeugnis der, den Tieren vorausgeeilten, menschlichen Geistesfähigkeit entstanden ist; denn erst, als die Geisteskräfte des Menschen viel vollkommener geworden waren, als diejenigen seiner höchsten Vorfahren, konnte es ihm gelingen, dürftige Anfänge seiner Sprache zu entwickeln, welche dann allerdings wiederum umgekehrt die Vervollkommnung seiner Geistesfähigkeiten mächtig gefördert und ohne Zweifel den Anstoß zu der überlegenen Entwicklung gegeben hat, durch welche selbst die niedersten wilden Volksstämme noch die höchsten Tiere überragen.[1]) Dementsprechend ist auch die Sprache der Tiere, wenn man deren Verständigung durch Laute so bezeichnen darf, in dem Gebiete des Denkens auf die einfachen Formen beschränkt, welche beispielsweise zur Warnung anderer Tiere vor einer Gefahr oder zur Verständigung über gemeinsame Handlungen angewendet werden. Dagegen hat sie für den Ausdruck von Gefühlen und Gemütsbewegungen, mit welchen die Tiere uns so viel näher stehen, als im bewußten Denken, sehr viel zahlreichere und mannigfacherer Formen erlangt. Man denke z. B. an die vielen verschiedenen Laute, welche einem Hunde zur Mitteilung seiner Gefühle und Wünsche zur Verfügung stehen, sowie an den so unendlich mannigfachen Gesang der Vögel; aus der Sprache der Affen glaubt der bekannte Professor Garner 200 einzelne Worte erkannt, und, bis auf etwa 30, ihrem Sinne nach gedeutet zu haben. Jedenfalls reicht die Sprache der Tiere, unterstützt durch Bewegungen und Gebärden, aus, um alle ihre Gefühle auszudrücken, und sie würde wohl auch zum Ausdruck der einfacheren menschlichen Gefühle ausreichen, da diese, wie wir sahen, mit den tierischen überall gleichartig sind.

---

[1]) Vgl. hierzu auch Darwin „Abstammung“ S. 112 ff.

Unterscheiden sich doch auch tatsächlich die einfachen Laute, welche der Mensch z. B. aus Schmerz, Schreck, Furcht, Zorn, Überraschung u. s. w. unwillkürlich ausstößt, nicht wesentlich von denjenigen der Tiere bei gleichem Anlaß, da sie nicht seiner eigentlichen, gegliederten Sprache angehören. Glücklicherweise sind wohl jetzt nicht nur alle Naturforscher, sondern auch alle Sprachforscher darin einig, daß sich alle menschlichen Sprachen allmählig aus solchen Urlauten, sowie den sonstigen Mitteilungslauten der Tiere, entwickelt haben. Schon Darwin hat diese Entstehung der menschlichen Sprache mit der Entwicklung der verschiedenen Arten der Tiere verglichen,[1]) und die Sprachwissenschaft hat die Gleichartigkeit beider Vorgänge durch tiefgehende Untersuchungen als völlig zutreffend erwiesen und durch richtige „Stammbäume“ veranschaulicht.[2])

Ich habe bereits oben daran erinnert, daß der Ursprung selbstlosen Wollens bei den höheren Tieren zuerst in ihren Verwandtschaftskreisen oder Familien und sodann in ihren Genossenschaften gesucht werden muß. Die hingebende Liebe, mit welcher alle Tiermütter für die Ernährung und den Schutz ihrer Jungen sorgen, ist daher nicht nur die heftigste, sondern auch die älteste selbstlose Vorstellung in der Tierwelt. Es erübrigt sich, die leidenschaftliche Heftigkeit dieses Instinkts durch Beobachtungstatsachen zu belegen, da solche von allen Arten der höheren Tiere bekannt sind. Übrigens bemerkt Romanes, daß die niedersten Tiere, bei welchen eine Fürsorge für die Nachkommenschaft zu beobachten sei, die Spinnen und Insekten wären, indem

[1]) „Abstammung“ S. 115 ff.

[2]) Vgl. auch Häckel, „Anthropogenie“ Bd. II S. 512 ff., sowie Fr. Mauthner a. a. O. Bd. II Kp. 10.

zuerst diese Tiere Sorgfalt auf ihre Eier, Puppen usw. an den Tag legten.[1]) Als ganz besonders zärtliche Mütter sind die Äffinnen bekannt; beim Verlust ihres Jungen pflegt die Affenmutter ganz untröstlich zu sein, häufig stirbt sie vor Gram hierüber.[2]) Da alle Handlungen der tierischen Mutterliebe, ganz wie beim Menschen, selbstloser Hingebung entspringen, so haben sie dieselbe sittliche Bedeutung, welche allen uneigennützigen Taten zukommt. Auch erinnere ich nochmals daran, daß die Instinkthandlungen der höheren Tiere, abgesehen von der Unbewußtheit ihres Antriebes, wesentlich bewußt vollführt werden; wie könnten auch sonst die unzähligen, fortwährend von größter Umsicht und Anpassung an besondere Verhältnisse abhängigen, Einzelhandlungen zustande kommen? Im Anschlusse an die Mutterliebe und vielleicht nach ihrem, freilich nirgends erreichten, Vorbilde entstand jedenfalls zuerst ein Gefühl der Zuneigung zwischen Geschwistern und gegenüber der Mutter selbst; vielleicht darf hierbei auch an eine Mitwirkung des tierischen Nachahmungstriebes gedacht werden. Jedenfalls herrscht in den Tierfamilien, insoweit solche vorkommen, eine lebhafte Zuneigung der einzelnen Tiere untereinander, welche zu gegenseitiger Hülfeleistung führt, und daher als sittliches Vorstellen anerkannt werden muß. Auch die, mit großer gegenseitiger Fürsorge verbundene, Ehe, welcher man doch im menschlichen Leben eine besonders große sittliche Bedeutung beimißt, wird von sehr vielen Tieren, namentlich den Vögeln und allen höheren Affen, angewendet; auch wenn dies nicht auf Lebenszeit, sondern nur vorübergehend geschieht, tragen die hiermit zusammenhängenden Hand-

[1]) „Geistige Entwicklung“ S. 382.
[2]) Darwin, „Abstammung“ S. 89.

lungen gegenseitiger Fürsorge das Merkmal des Sittlichen.[1])

Dasselbe muß auch von allen anderen Handlungen der Tiere gelten, deren Beweggrund das Wohl eines anderen Tieres ist. Hierfür kommen zunächst die Genossenschaften in Betracht, in welchen viele Tiere leben. Bei diesen hat sich mit dem Instinkte der Gemeinschaft, d. h. dem angeborenen Verlangen, in größerer Anzahl beisammen zu leben, die Gewohnheit gegenseitiger Hülfe entwickelt. Die Gegner der Tiere wollen den hieraus entspringenden Handlungen der Genossen schon deshalb keine sittliche Bedeutung beimessen, weil dabei jedes Tier nur den eigenen Vorteil im Auge habe, und allerdings hat gerade dieser Nutzen ohne Zweifel dereinst zur dauernden Bildung von Gemeinschaften bei den betreffenden Tieren geführt, gleichviel, ob durch bloße natürliche Auslese der so lebenden Tiere einer Art, oder durch deren bewußt zweckmäßig begonnenes Handeln. Da aber auch in diesem Falle, wie bei allen Instinkthandlungen den Tieren der entfernte Nutzen ihres Handelns nicht bekannt ist, so bleibt als Beweggrund der Fürsorgehandlungen ausschließlich die Fürsorge für die Genossen, also durchaus selbstloses Handeln, übrig. Verhält es sich übrigens bei dem menschlichen Staate anders? Auch dieser ist ursprünglich nur für den Vorteil jedes Einzelnen entstanden; aber die Hingabe der Einzelnen für die gemeinsamen Interessen wird, mit Recht, nicht als Eigennutz angesehen, sondern als Vaterlandsliebe hoch geschätzt. Die Handlungen, welche Tiere im Interesse ihrer Gemeinschaften vollführen, sind hiervon nicht wesentlich verschieden, und müssen daher

---

[1]) Über das Eheleben der Tiere vgl. Büchner, „Liebe und Liebesleben in der Tierwelt" S. 73 ff.

in demselben Maße als sittlich anerkannt werden. Brehm erzählt von seiner Begegnung mit einer Gesellschaft von Pavianen; als einige Nachzügler unter diesen von Hunden angegriffen wurden, eilten die vorderen Tiere zurück, um mit eigener Lebensgefahr die Hunde abzuwehren, also lediglich, um den Genossen beizustehen, da sie selbst nicht in Gefahr waren. Ähnliches erzählt Brehm von einer jungen Meerkatze, welche von einem Adler ergriffen worden war; als das kleine Tier laut um Hülfe schrie, eilte die ganze Gesellschaft der Meerkatzen herbei, um den, so viel stärkeren, Adler anzugreifen und den Genossen zu befreien. Darwin berichtet von einem blinden alten Pelikan, welcher während langer Zeit von seinen Genossen gefüttert wurde, sowie von einer blinden Krähe, welche regelmäßig von zwei anderen versorgt wurde;[1]) dasselbe ist bei Drosseln, Rotkelchen und anderen Vögeln beobachtet worden. Eine englische Zeitschrift berichtet, daß ein Elefant, welcher aus einer Fallgrube entkommen war, vor den Augen zahlreicher Zuschauer anhielt und mit seinem Rüssel einem Gefährten half, sich gleichfalls aus der Grube herauszuarbeiten.[2]) Jägern ist es bekannt, daß der männliche Fuchs, welcher sich sonst nicht um die Nachkommenschaft kümmert, deren Fütterung übernimmt, wenn die alte Fähe geschossen oder sonst umgekommen ist. Häufig beschrieben sind ferner die gegenseitigen Hülfeleistungen der Ameisen; sie füttern sich untereinander und bringen sich in jeder Gefahr tatkräftige Hülfe.[3]) Alle gesellig lebenden Tiere zeigen auch

---

[1]) „Abstammung" S. 137.

[2]) Romanes, „Geistige Entwicklung" S. 432.

[3]) Vgl. L. Büchner, „Geistesleben der Tiere" S. 201, sowie „Liebesleben" S. 199 ff.

einen Sinn für Gerechtigkeit, indem sie untereinander nicht um die gemeinsame Nahrung kämpfen, sondern diese friedlich teilen, und ihre gegenseitige Anhänglichkeit ist, wie ich bereits oben bemerkte, oft so groß, daß sie eine Trennung nicht ertragen können.[1]) Aber nicht nur innerhalb einer Genossenschaft, sondern auch zwischen fremden Tieren findet Hülfeleistung statt. So beobachtete man eine Katze, wie sie Teile von ihrem Futter aus dem Hause nach dem Garten trug; als man ihr folgte, wurde festgestellt, daß sie das Futter einer fremden, elend aussehenden Katze vorlegte, von welcher es gierig verschlungen wurde.[2]) Ähnliche Hülfeleistungen sind zwischen Hunden, Elefanten und Affen beobachtet worden. Welches Merkmal völliger Uneigennützigkeit fehlt allen solchen Handlungen?

Daß Tiere, und zwar auch von verschiedenen Arten, untereinander Freundschaft pflegen, und daß sie ihre Zuneigung auch gern auf den Menschen übertragen, ist bekannt. Romanes erzählt dies sogar von einer Schlange gegenüber ihrem Pfleger.[3]) Darwin berichtet von einem kleinen amerikanischen Affen, welcher seinen Wärter mit eigener Lebensgefahr gegen einen wütenden Pavian verteidigte, obwohl er diesen sonst auf das äußerste fürchtete.[4]) Die hingebende Treue des Hundes gegen seinen Herrn ist ja sprichwörtlich, und so bewährt, daß der Ausspruch eines Engländers „der Hund ist das einzige Geschöpf auf Erden, welches dich mehr liebt, als sich selbst“ kaum eine Übertreibung enthält, wenn man von der Mutterliebe ab-

---

[1]) Vgl. Darwin, „Abstammung“ S. 121, 133.

[2]) Romanes, „Geistige Entwicklung“ S. 383.

[3]) Ebendas. S. 382.

[4]) „Abstammung“ S. 132.

sieht. Affen zeigen eine große Zuneigung nicht nur zu Menschen, an welche sie gewöhnt sind, sondern auch zu Hunden, mit denen sie etwa zusammen leben.[1]) Wenn man Zuneigung und Freundschaft zwischen Menschen als sittliche Vorgänge bezeichnet, wird man dies gerechterweise auch bei den Tieren tun müssen; aber man sträubt sich nun einmal dagegen, deren Handlungen ebenso auszulegen, wie die menschlichen, auch wenn sie nach Beweggrund und Verlauf völlig gleichartig mit diesen sind.

So wird auch allgemein in Abrede gestellt, daß bei den gegenseitigen Hülfeleistungen der Tiere von Mitleid die Rede sein könne.[2]) Aber welcher andere Beweggrund könnte die gegenseitigen Hülfeleistungen der Tiere herbeiführen, wenn diese nicht bei dem Anblick der leidenden Tiere die unmittelbare Teilnahme empfänden, welche wir, wenn sie ein Mensch fühlt, Mitleid nennen? Die Äffin, welche ein verwaistes fremdes Junges „an Kindesstatt" annimmt, tut dies doch nicht nur in der Erkenntnis, daß dieses sonst Hunger leiden und Gefahren ausgesetzt sein würde, sondern weil sie zugleich Mitgefühl für das junge Tier empfindet; denn, wenn diese Teilnahme nicht hinzukäme, so müßte doch die bloße Beobachtung jener Gefahren gänzlich fruchtlos bleiben, während sie in Wirklichkeit das Verlangen erzeugt, Hülfe zu leisten. Es gibt bekanntlich Menschen, welche nicht leicht Mitleid mit den Leiden anderer empfinden; auch sie sehen zwar das fremde Leiden, aber dieses erweckt in ihnen nicht die unmittelbare Teilnahme, durch welche das Verlangen, zu helfen, erzeugt wird. Mit Recht sagt man alsdann, daß sie „kein Mitleid haben"; wenn aber jene Beobachtung zur Hülfeleistung führt, so

---

[1]) „Abstammung" S. 90.

[2]) Auch Darwin bestreitet dies; vgl. „Abstammung" S. 131.

kann dies offenbar nur geschehen, weil der Beobachter Mitleid empfindet. Anders kann dieser Vorgang aber auch bei Tieren nicht ausgelegt werden; ja man ist sogar noch sicherer, ihn hier richtig auf diese Weise zu erklären, als bei Menschen, weil diese oft durch Eitelkeit oder durch die Erwartung „himmlischer", ja vielleicht sogar schon „irdischer", Belohnung zu Hülfeleistungen veranlaßt werden, also durch Beweggründe, welche die Tiere nicht kennen, und welche selbstverständlich den sittlichen Wert der durch sie herbeigeführten Handlungen aufheben. Treffend bemerkt Schopenhauer, obwohl er freilich ebenfalls bestreitet, daß die Tiere Mitleid empfänden, dieses beruhe nicht auf Begriffen, Dogmen, Religion, Erziehung oder Bildung, sondern lediglich auf der unmittelbaren Anschauung, durch welche es ohne Gedankenvermittlung eintrete;[1]) weshalb sollte dieses anschauliche Vorstellen einem hochentwickelten Tiere unzugänglich sein? Zuzugeben ist nur, daß das Mitleid nicht, etwa gleich der Treue des Hundes, ein allgemein herrschender und unter allen Umständen eintretender Instinkt aller, oder bestimmter einzelner, Tiere ist, da es nur unregelmäßig eintritt; aber ist dies bei den Menschen anders? Auch kommt es für die Beurteilung des tierischen Vorstellens nicht darauf an, wie häufig dieses das Gefühl des Mitleids enthält, sondern, ob dies überhaupt vorkommt, und hierüber kann nach obigem kein Zweifel herrschen.[2])

Umgekehrt pflegt man zur Widerlegung tierischen Mitleids auf die Grausamkeit von Tieren hinzuweisen, welche ja das Gegenteil des Mitleids ist, da sie in der

---

[1]) „Grundlage der Moral" S. 213, 246.

[2]) Viele Beispiele von Mitleid zwischen Tieren erzählt Büchner, „Liebesleben" S. 199ff.

Freude an fremden Leid und in dem Verlangen, solches herbeizuführen, besteht. Abgesehen von der Rücksichtslosigkeit aller fleischverzehrenden Tiere gegenüber ihrer Beute, erinnert man daran, daß manche Tiere, z. B. Störche, Gänse und Hühner, ihre schwächlichen Jungen töten, und daß gesellig lebende Tiere ein krankes oder verwundetes Stück meist töten. Aber beides kommt auch bei wilden Volksstämmen vor; der Kindermord ist bei vielen von diesen in Gebrauch, und bei anderen werden alte Leute, wenn sie schwach und krank sind, getötet.[1]) Dasselbe gilt von Handlungen, welche aus Rache, also zur Vergeltung erlittenen Unrechts, vollführt werden. Ohne Zweifel sind solche bei Tieren nicht gar zu selten; bekannt sind sie von Hunden und Katzen, sowie von Elefanten und Affen. Einen scherzhaften Vorgang dieser Art erzählt Darwin von einem Pavian, welcher einen Offizier, der ihn oft geneckt hatte, längere Zeit später eines Tages mit besonders hierfür zubereitetem Schmutz bewarf.[2]) Aber auch beim Menschen ist das Verlangen nach Vergeltung ein angeborener, starker Trieb, welcher sich nicht nur bei den Wilden, sondern auch bei der Kulturmenschheit mit großer Heftigkeit äußert, und nur mühsam überwunden wird, im Volksbewußtsein, namentlich bei den südlichen Völkern, sogar bis zu einem gewissen Grade geheiligt ist. Man wird daher aus dem Vorkommen von Rachehandlungen bei Tieren keine anderen Schlüsse ziehen dürfen, wie beim Menschen, namentlich ihnen nicht die Fähigkeit zum Mitleid absprechen dürfen, weil sie zugleich, wie der Mensch, unter gewissen Umständen grausam

---

[1]) Bei den Fiji-Insulanern sogar lebendig begraben; vgl. Darwin, „Abstammung" S. 131.

[2]) „Abstammung" S. 88.

und rachsüchtig sind. Auch das Töten von Tieren, um sie zu verzehren, wird ja vom Menschen, wenn auch in anderer Form, rücksichtslos ausgeübt.

Einen ganz besonders deutlichen Beweis sittlichen Vorstellens bei Tieren liefert endlich die Pflichttreue des **Hundes**. Mit welcher Gewissenhaftigkeit erfüllt er jede ihm anvertraute Aufgabe, sobald er sie richtig aufgefaßt hat! Zum Wachen erzogen, verteidigt er das Eigentum seines Herrn selbst unter Aufopferung seines Lebens; beim Ziehen von Lasten macht er Anstrengungen, welche fast über seine Kräfte gehen; auf der Jagd kennt er nicht Hunger und Durst, und die ihm anvertraute Herde wird er nie verlassen. Romanes erzählt von einer Hündin, welche im Gebirge eine Schafherde ohne weitere Aufsicht zu bewachen und hierbei Junge geworfen hatte; sie führte trotzdem in schwer leidendem Zustande die Herde einen weiten Weg nach Hause und trug hierbei ein Junges im Maule; sodann eilte sie mehreremale in das Gebirge zurück und brachte jedesmal ein Junges im Maule mit.[1]) Kann man dieser Pflichttreue des Hundes die Anerkennung verweigern, daß sie eine sittliche Vorstellung ist? oder der Anhänglichkeit, Treue und Dankbarkeit, welche alle Hunde, selbst bei schlechter Behandlung, zeigen? Plutarch erzählt von einem Hunde, welcher seinem Herrn in den brennenden Scheiterhaufen nachgesprungen sei, und diese Erzählung erscheint keineswegs unglaubwürdig, da viele ähnliche Vorgänge allgemein bekannt sind. Was sind alle diese Instinkte des Hundes andres, als sittliche Vorstellungen? Es ist über alle Maßen willkürlich und ungerecht, diese den Tieren abzusprechen, nur, um den „moralischen Sinn“ als ein Vorrecht des **Menschen** hinstellen zu können.

---

[1]) „Geistige Entwicklung“ S. 263.

Das Verhalten des Menschen zur Tierwelt hat ja mit der Beurteilung der tierischen Vorstellungen unmittelbar nichts zu tun; doch wird die Erkenntnis, daß alle menschlichen Vorstellungen, also auch alle hohen Geistesfähigkeiten und edelsten menschlichen Empfindungen, durch natürliche Entwicklung aus den Vorstellungen der Tiere entstanden, und daher auch wesentlich gleichartig mit diesen sind, sehr dazu beitragen, der Tierwelt ihr natürliches Recht zu gewährleisten, und die hieraus folgenden Pflichten des Menschen gegen sie anzuerkennen. Bekanntlich war es Schopenhauer, welcher zuerst, in schroffstem Gegensatze zu Kant, von den sittlichen Pflichten des Menschen gegen die Tiere gesprochen und namentlich erklärt hat, daß sich das menschliche Mitgefühl in derselben Weise auf ihre Leiden, wie auf diejenigen der Mitmenschen, erstrecken müsse, weil die Tiere „in der Hauptsache und im wesentlichen ganz dasselbe seien wie wir, verschieden von uns nur im Grade der Erkenntniskraft“.[1]) Wenn Schopenhauer hierbei hinzufügt

> „Was soll man daher sagen, daß heutzutage ein frömmelnder Zootom einen absoluten und radikalen Unterschied zwischen Mensch und Tier zu urgieren sich erdreistet, und hierin soweit geht, die redlichen Zoologen, welche, fern von aller Pfäfferei und Augendienerei, an der Hand der Natur und Wahrheit ihren Weg verfolgen, anzugreifen und zu verfolgen?“

so werden wir mit Beschämung bekennen müssen, daß unsere Zeit sich von jener, fast siebzig Jahre zurückliegenden, hierin nur wenig unterscheidet, obwohl inzwischen das helle Licht der Abstammungslehre alle seine herrlichen Triumphe

[1]) „Grundlage der Moral“ S. 238.

gefeiert hat. So schwer sind festgewurzelte Vorurteile zu besiegen!

Auch vom Leben der Tiere darf man daher, wie Goethe vom „vollen Menschenleben", sagen: „Greift nur hinein! wo ihr es packt, da ist es interessant." Aber der Weg zu dieser Erkenntnis kann allein durch die Vorstellungen der Tiere führen; denn Leben heißt Vorstellen.

FSC
www.fsc.org
MIX
Papier | Fördert
gute Waldnutzung
FSC® C083411

Zeitfracht Medien GmbH
Ferdinand-Jühlke-Straße 7
99095 Erfurt, Deutschland
produktsicherheit@kolibri360.de